Section.3　柔软的上衣和小物件

富有变化的上衣

1

双色搭配款，不同的颜色组合，
给人的感觉截然不同。通过色
彩反差来突出轻微凸起的花纹，
瞬间提升其时尚感。

设计：岸 睦子
制作：志村真子
使用线：和麻纳卡 AMERRY
EHU（粗）
编织方法：p.36

2

通过用一种色系的线组合的方
法，原白色和浅驼色的搭配，瞬
间给人一种柔和优雅的感觉。这
是一件适合成熟女性的可爱风上
衣。

设计：岸 睦子
制作：志村真子
使用线：和麻纳卡 AMERRY EHU
（粗）
编织方法：p.36

3

漫漫秋夜，随心拿起钩针和灵动的毛线，钩织大朵的环形花朵花片。越钩越上瘾，充分感受蕾丝花边的魅力吧。

设计:松木惠衣子
使用线:和麻纳卡 PARFUM
编织方法:p.40

4

来尝试一款亮色的钩针编织如何？尤其是在冷色系、深色系衣服为主导服饰的季节里，穿上一件亮色上衣瞬间感觉与众不同。也可搭配穿到外套里面，用亮色的上衣来提升整体的穿衣搭配。

设计：松本惠衣子
使用线：和麻纳卡 PARFUM
编织方法：p.40

5

6

钩织相同图案的六边形花片，将其连接成南美斗篷风格的上衣。通过所用毛线及色彩的变化，可钩织出不同感觉、尺寸的上衣。作品6、作品7尺寸一样，作品5尺寸稍微小一点。

设计：风工房
使用线：作品5 和麻纳卡 纯毛中细
　　　　作品6 和麻纳卡 AMERRY EHU 粗
　　　　作品7 和麻纳卡 ARCOBA LENO
编织方法：p.44

7

8

菠萝花样朝下的收腰上衣。宽松舒适的尺寸，穿着舒心，看着精神。

设计·原田佐代子
使用线·和麻纳卡 AMERRY
编织方法 p.48

9

和作品8是同一个编织图，只不过这款用稍粗的线编织，原本的中长款就变成了普通款。另外，通过改变线的粗细来调整编织物的尺寸。

设计：原田佐代子
使用线：和麻纳卡 AMERRY EHU（粗）
编织方法：p.48

10

高贵而典雅的套头衫，直筒袖口，钩
织简单。通过锁针与爆米花针的绝妙
组合，钩织出优雅的镂空图案。

设计:松本惠衣子
制作:下条雪美
使用线.和麻纳卡 AMERRY EHU（粗）
编织方法:p.52

11

把作品10的线换成同系列的中粗毛线，钩织成宽大的上衣。再在作品10同款编织图的基础上稍加调整，会带来不一样的乐趣。

设计：松本惠衣子
制作：下条雪美
使用线：和麻纳卡 AMERRY
编织方法：p.52

12

手工编织最大的乐趣就是没有现成品，可钩织一款专属自己的作品。扇形的四个半圆织片组合到一起，而且使用稀有的幼羊驼毛，质地优良，成品柔软。后身片做等针直编，钩编的难易度在此款作品中充分体现。

设计:河合真弓
制作:栗原由美
使用线:和麻纳卡 ARCOBA LENO
编织方法:p.58

13

这款 V 字领的上衣，可在领口毛线不剪断的状态下持续钩织。优雅的方块花纹，配上时尚的整体图案，说不定能激发起你手工钩编的小欲望哟。

设计:铃木朝子
使用线:和麻纳卡 AIRYNA
编织方法:p.33

14

使用有光泽的渐变段染毛线钩织出这款直上直下菠萝花样的背心。从领口开始钩织，注重花样搭配，下摆的收边处理是亮点。

设计：中村和代
使用线：和麻纳卡 PARFUM
编织方法：p.62

15

这是一款连机器都织不出来的、只能用手工钩织的背心。使用100%羊驼毛线钩织，柔软至极。可谓一款精心钩织的、款式端庄大方的贝壳花样的上衣。

设计:冈 真理子
制作:大西双叶
使用线:和麻纳卡 SONOMONO
　　　　SURI ALPACA
编织方法:p.64

16

把不同材质的毛线合到一起进行钩织，别有一番魅力，这也是手工编织的独特之处。长针钩织的基础方形织片与镂空饰边巧妙组合，完成了这款背心。

设计:岸 睦子
制作:志村真子
使用线:和麻纳卡 WALTZ、
　　　　EMPEROR
编织方法:p.70

17

该款作品使用无须配色的渐变段染毛线，钩织出条纹花样，其中有跳动感的镂空花样给人一种梦幻的感觉。做等针直编，胁部开口很大，非常容易穿脱。

设计：柴田 淳
使用线：和麻纳卡 DEENA
编织方法：p.72

18

秀丽花样之间柔软的马海毛在跃动。秋冬季节钩针编织独有的优雅风格。耐人寻味的花样可和亮丽显眼的衣服搭配到一起，非常值得拥有的一件背心。

设计：原田佐代子
使用线：和麻纳卡 WALTZ
编织方法：p.67

柔软的上衣和小物件

19

线条柔美的短款开衫，作为平日服装的色彩点缀，更能穿出好心情。该款上衣从袖口开始环形编织，左右两部分在后身片中线处组合到一起。幼羊驼毛更是给人一种前所未有的亲肤感，这也是钩织的魅力之一哟。

设计:中村和代
使用线:和麻纳卡 ARCOBA LENO
编织方法:p.74

20

这是一款色彩非常吸引人的披肩。渐渐变大的菠萝花样给整体带来华丽的感觉。有分量感的设计加上马海毛的柔软更是让人喜爱不已。

设计：冈本启子
制作：中本真理
使用线：和麻纳卡 MOHAIR
编织方法：p.81

21

这款线不容易起皱，便于携带。由
若隐若现的菠萝花样组成的这款古
典风格半圆形披肩，在稍微寒冷的
日子里使用，再合适不过了。

设计：铃木朝子
使用线：和麻纳卡 MOHAIR
编织方法：p.84

22

半袖开衫，能够穿很长时间，很方便的穿衣搭配之选。朝向下摆编织，花样自然而然地呈现出来，下摆和袖口直接编织即可。

设计:原田佐代子
使用线:和麻纳卡 AMERRY
编织方法:p.86

23

这是整体呈现Z字形花样、背后带星星图案的一款开衫。充分发挥间隔长的段染毛线的优势，针数变多的情况下，继续钩织也是让人非常愉快的。

设计：柴田 淳
使用线：和麻纳卡 LANTANA
编织方法：p.78

24

用优质马海毛线钩织的一款开衫，非常
适合在较正式的场合穿着。这件开衫的
花样由幼羊驼毛线钩织而成，加上轻柔
的长袖设计给人前所未有的触感。

设计：原田佐代子
使用线：和麻纳卡 ARCOBA LENO
编织方法：p.88

25

使用色彩有微妙差异的毛线钩织圆形花片，把这些花片连接起来，直至钩织完成最后一片。这款简洁干练的开衫，非常惹人喜爱。

设计：河合真弓
制作：冲田喜美子
使用线：和麻纳卡 MOHAIR
　　　 COLORFUL
编织方法：p.92

26

这是一款在钩织过程中，以钩织带有针织环的连编花片为中心，钩织而成的漂亮围巾。使用亮色系的段染线加上点缀的狗牙针饰边，让佩戴者瞬间容光焕发。

设计：深濑智美
使用线：和麻纳卡 MOHAIR
　　　　COLORFUL
编织方法：p.47

27

这是一款带有插口的披肩，可以如图系上，也可直接披在肩上。非常方便。可钩织成各种款式、各种大小。

设计：Sachiyo*Fukao
制作：* 美羽 *
使用线：和麻纳卡 WALTZ
编织方法：p.77

28

这款漂亮的围脖，立体的花朵花片下隐藏着插口，用一团红色系段染线钩织而成，可结合心情佩戴，给人一种愉悦感。在寒冷的季节佩戴，能让脖子瞬间暖和起来。

设计：和麻纳卡企划
使用线：和麻纳卡 DEENA
编织方法：p.57

29

29、30

这是一款带有立体树叶图案的非常有魅力的帽子。钩织过程中，主要采用长针的拉针钩织。其中长针的正拉针的部分钩织花样，长针的反拉针部分作为花样打底，注意看清楚符号标记。

设计:和麻纳卡企划
使用线:和麻纳卡 DEENA
编织方法:p.94

30

本书用线一览

*图片为实物粗细

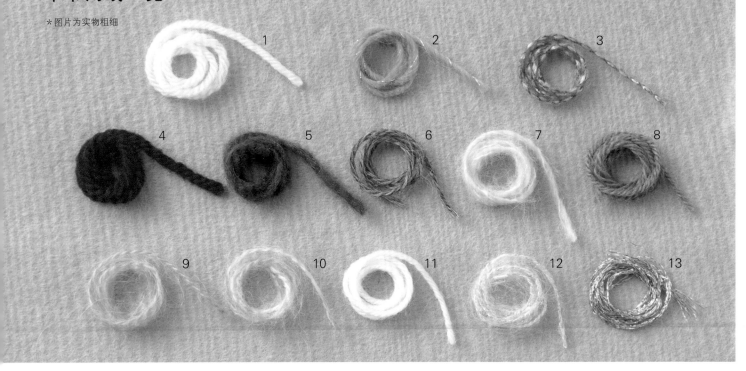

1 和麻纳卡 AMERRY EHU（粗）

羊毛70%（新西兰美利奴），腈纶30% 30g/团
线长约130m 粗 针号4/0号 标准长针编织密度25针，11.5行
●这是一款手感极好、容易编织、颜色颇受好评的 AMERRY 粗款毛线。该毛线蓬松、手感轻，
非常适合钩针编织。

2 和麻纳卡 ARCOBA LENO

羊驼毛94%（幼羊驼毛），铜氨纤维4%，聚酯纤维2% 25g/团
线长约100m 粗 针号4/0号 标准长针编织密度25针，12行
●使用幼羊驼毛是很奢侈的一件事哟。手感极好的段染线系列，加之含有金银丝，所以成品
给人非常高雅的感觉。

3 和麻纳卡 PARFUM

人造丝42%、腈纶29%、尼龙14%、聚酯纤维12%、羊毛3% 25g/团
线长约102m 粗 针号4/0号 标准长针编织密度25针，10.5行
●长间距段染线加上闪闪发亮的金银丝构成了一款别致的毛线。

4 和麻纳卡 AMERRY

羊毛70%（新西兰美利奴），腈纶30% 40g/团 线长约110m
中粗 针号5/0~6/0号 标准长针编织密度20~21针，9~9.5行
●新西兰美利奴羊毛和富有蓬松感的腈纶混合而成的毛线，手感极好，保暖性好，适合手工编
织。而且不易分叉易于编织，色号也丰富。

5 和麻纳卡 AIRYNA

羊毛58%、尼龙42% 25g/团 线长约112m 中粗
针号5/0号 标准长针编织密度21针，9.5行
●这是一款看起来有分量感，但是实际很轻的毛线。尼龙美丽的光泽更是让成品显得华丽。

6 和麻纳卡 SONOMONO SURi ALPACA

羊驼毛100%（使用苏利羊驼毛）25g/团 线长约90m 中细
针号3/0号 标准长针编织密度27针，12行
●把一般的羊驼毛〔FAKAYA类〕和富有光泽、轻便，比较像马海毛的羊驼毛〔苏利羊驼毛〕
混合而成的一款适合手工编织的柔软毛线。尤其富有光滑感和光泽感。

7 和麻纳卡 DEENA

羊毛74%，羊驼毛14%，尼龙12% 40g/团 线长约128m 中粗
针号5/0号 标准长针编织密度20针，9.5行
●有短间距段染、长间距段染，是分别使用5色花纹混合而成的复杂款的段染毛线。成品可
以机洗，衣服维护也很简单。

●此表所列均为常用数据，具体见作品

8 和麻纳卡 纯毛中细

羊毛100% 40g/团 线长约160m 中细 针号3/0号
标准长针编织密度25~26针，12~12.5行
●一款适合钩针编织的毛线。漂亮的羊毛，容易搭配的色号，是一款颜色丰富的单色毛线。

9 和麻纳卡 MOHAIR

腈纶65%、马海毛35% 25g/团 线长约100m 中粗
针号4/0号 标准长针编织密度19针，10行
●腈纶和高级马海毛组合而成的一款毛线，有代表性的是马海毛毛线。

10 和麻纳卡 MOHAIR COLORFUL

腈纶70%、马海毛30% 25g/团 线长约100m 中粗
针号4/0号 标准长针编织密度19针，10行
●马海毛毛线有代表性的段染系列款。色彩富有变化，可制作出非常富有魅力的作品。

11 和麻纳卡 LANTANA

羊毛100% 300g/桄 线长约1200m 中细
针号3/0号 标准长针编织密度25~26针，12~12.5行
●是超长间距的段染线。色彩变化鲜明，1桄300g的线有4种颜色，用来编织外套、围巾、
毛衣等，只需要1桄。

12 和麻纳卡 WALTZ

尼龙29%、羊毛20%、马海毛19%、人造丝16%、腈纶16% 25g/团
线长约135m 粗 针号4/0号 标准长针编织密度25针，11行
●马海毛和加捻纱线的毛线的特点就是，可以把尼龙、人造丝、腈纶进行分染，3色混合。
成品编织出来非常有韵味。

13 和麻纳卡 EMPEROR

人造丝100%（用于开衩线）25g/团 线长约170m 极细
针号蕾丝针0号 标准长针编织密度30针，11行
●从衣物到小物件均可使用，含有金银丝的长销商品。

作品的编织方法

13

p.14

材料▶ 和麻纳卡 AIRYNA 藏青色（8）180g/8 团

工具▶ 钩针 6/0 号

成品尺寸▶ 胸围 100cm，衣长 53cm，连肩袖长 28cm

编织密度▶ 10cm×10cm 面积内：编织花样 25 针，9.5 行

编织要点▶身片 从左侧下摆锁针起针开始编织。做 17 行编织花样，然后休针。从右侧下摆开始同样编织 17 行，然后把线引拔到左侧第 17 行上，之后剪断。用刚才休针的线一直编织到肩部。参照图示加减针。

组合 肩部做挑针缝合。胁部钩引拔针和锁针接合。下摆、袖口环形钩织边缘编织 A，衣领环形钩织边缘编织 B。

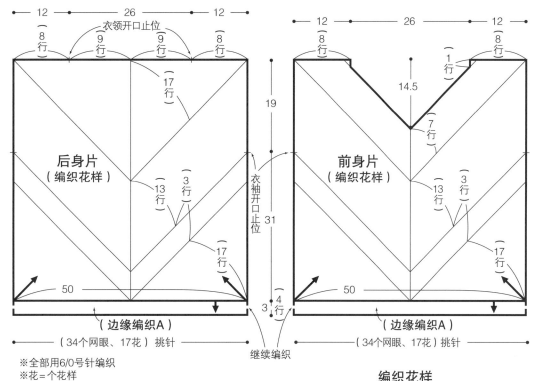

※全部用6/0号针编织
※花＝个花样

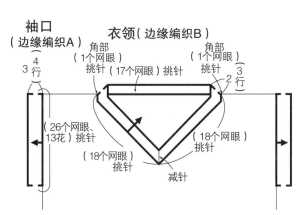

※制作图中未标明单位的尺寸均以厘米（cm）为单位

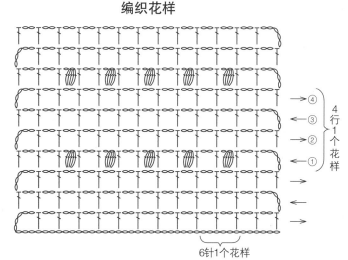

编织花样

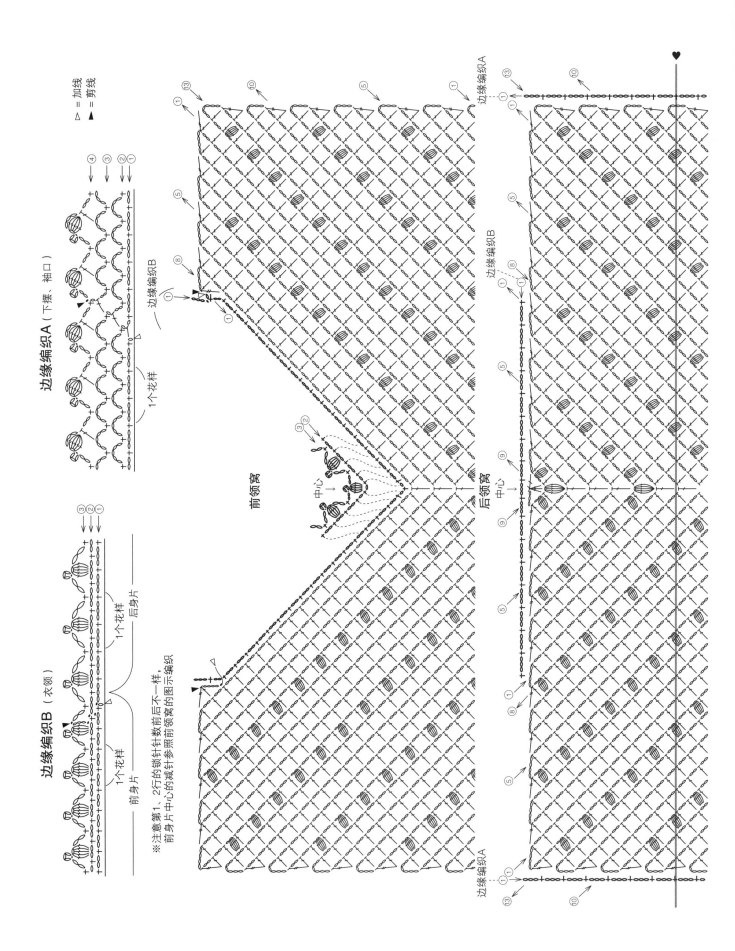

边缘编织A（下摆、袖口）

边缘编织B（衣领）

前领窝

后领窝

中心

△ = 加线
▲ = 剪线

1个花样

前身片

后身片

※注意第1、2行的锁针针数前后不一样，
前身片中心的减针参照前领窝的图示编织。

边缘编织A

边缘编织B

♥表示同一位置

边缘编织A

35

1
...... p.2

2
...... p.3

材料▶和麻纳卡 AMERRY EHU（粗）
1：黑色（524）190g/7 团、原白色（501）175g/6 团，**2**：浅驼色（520）190g/7 团、原白色（501）175g/6 团
工具▶钩针 5/0 号
成品尺寸▶胸围 94cm，肩宽 36cm，衣长 53.5cm，袖长 51cm
编织密度▶ 10cm × 10cm 面积内：编织花样 A 23 针，14 行；编织花样 B 25 针，11.5 行；编织花样 C 22 针，17 行

编织要点 ▶身片、衣袖 锁针起针开始编织，做编织花样 A、B。参照图示加减针。**组合** 肩部做卷针缝缝合。胁部、袖下钩引拔针和锁针接合。下摆、袖口环形钩织编织花样 C，衣领环形钩织短针、编织花样 C。衣袖钩引拔针和锁针接合，再和身片接合到一起。

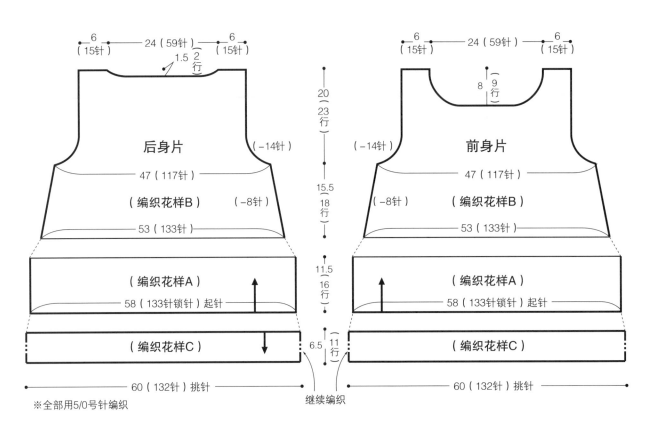

后身片

前身片

- 6（15针）
- 24（59针）
- 6（15针）
- 1.5（2行）
- 20（23行）
- （-14针）
- 47（117针）
- （编织花样B）
- （-8针）
- 15.5 18 行
- 53（133针）
- 11.5 16 行
- （编织花样A）
- 58（133针锁针）起针
- （编织花样C）
- 6.5 11 行
- 60（132针）挑针

- 8（9行）
- 继续编织

※全部用5/0号针编织

引拔针和锁针接合 ※另外，同样也有引拔针的短针缝合技巧（短针的锁针接合）

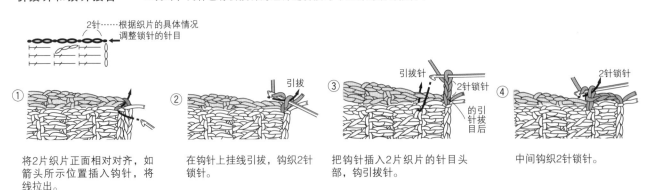

2针……根据织片的具体情况调整锁针的针目

① 将2片织片正面相对对齐，如箭头所示位置插入钩针，将线拉出。

② 在钩针上挂线引拔，钩织2针锁针。

③ 把钩针插入2片织片的针目头部，钩引拔针。

引拔
2针锁针
的引拔目后

④ 中间钩织2针锁针。

2针锁针

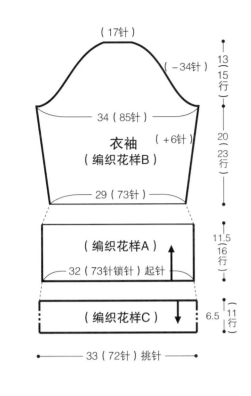

（17针）

13 15 行

（−34针）

34（85针）

衣袖
（编织花样B）

（+6针）

20 23 行

29（73针）

（编织花样A）

11.5 16 行

32（73针锁针）起针

（编织花样C）

6.5 11 行

33（72针）挑针

衣领

（53针）挑针

6.5 11 行

0.5 1 行

（编织花样C）

（短针）
b色

（75针）挑针

配色

	a色	b色
1	原白色	黑色
2		浅驼色

▷ =加线
► =剪线

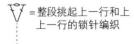=整段挑起上一行和上上一行的锁针编织

编织花样A

───── =a色
───── =b色

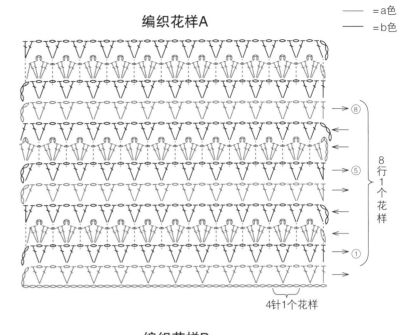

⑧

⑤

①

8行1个花样

4针1个花样

编织花样B

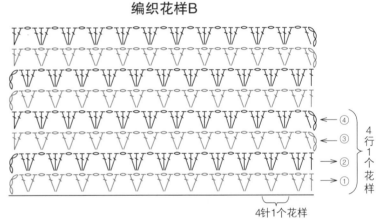

④
③
②
①

4行1个花样

4针1个花样

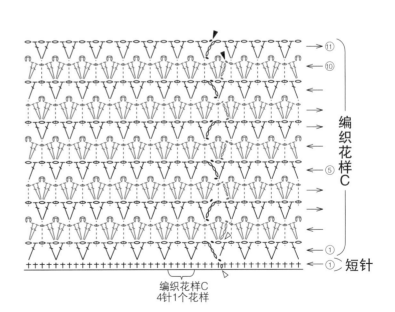

⑪
⑩

⑤

①

①

编织花样C

短针

编织花样C
4针1个花样

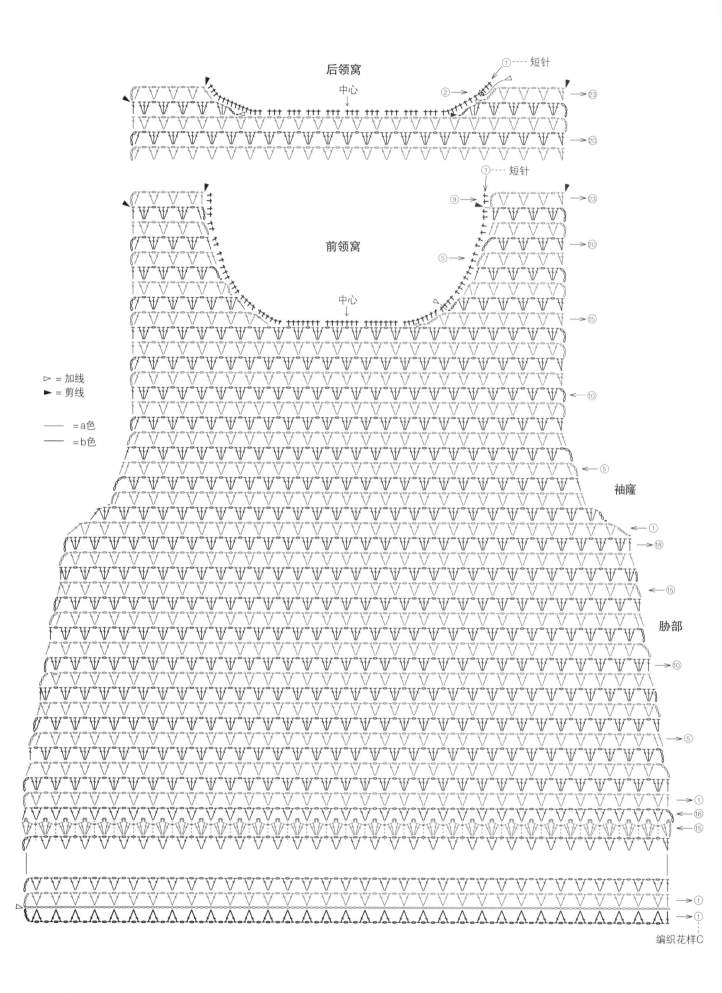

后领窝

前领窝

中心

①---- 短针

② →

① ---- 短针

⑨ →

袖窿

胁部

▷ =加线
► =剪线

—— =a色
—— =b色

编织花样C

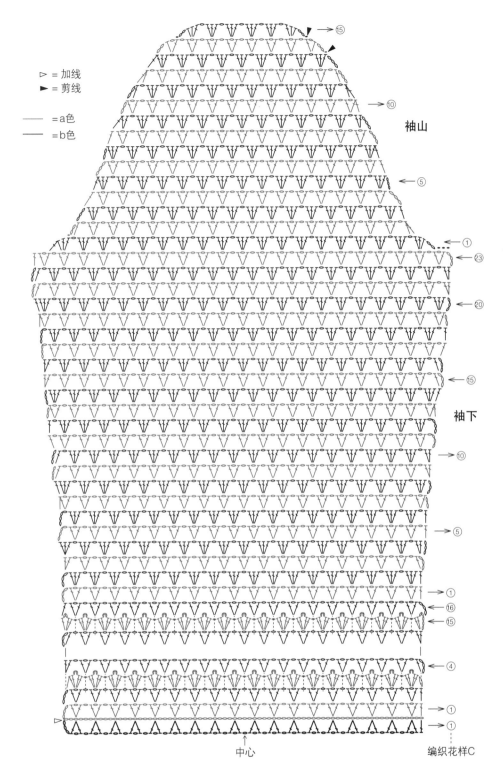

▷ =加线
► =剪线

—— =a色
—— =b色

袖山

袖下

中心

编织花样C

卷针缝缝合 ①
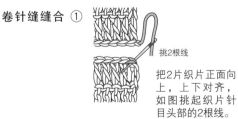
挑2根线
把2片织片正面向
上，上下对齐，
如图挑起织片针
目头部的2根线。

②
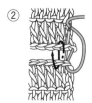
从后往前一针
一针插入手缝
针，然后拉出。

③

最后再一次
把手缝针插
入刚才相同
的位置里，
拉出。

3 p.4   **4** p.5

材料▶和麻纳卡 PARFUM **3**：蓝色系（5），**4**：橙色系（2）各190g/8团

工具▶钩针 4/0 号

成品尺寸▶胸围 96cm，肩宽 38cm，衣长 59.5cm

编织密度▶编织花样：从起针开始编织 12 行 12.5cm

编织要点▶身片 用毛线一端环形起针开始编织，做编织花样。**组合** 肩部做卷针缝缝合。胁部钩引拔针和锁针接合。下摆环形钩织边缘编织 A，衣领、袖窿环形钩织边缘编织 B。

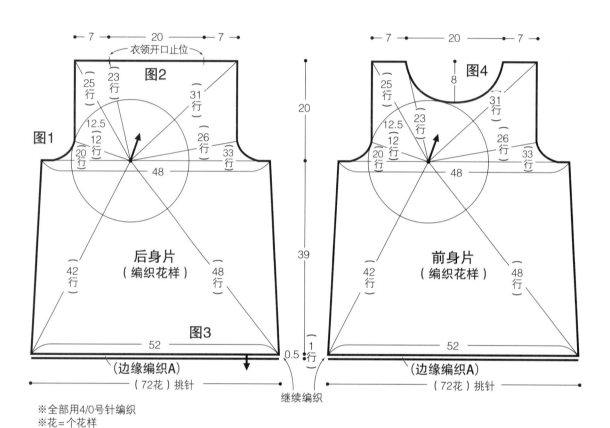

— 7 — 20 — 7 —
衣领开口止位
图2
（23行）
（25行）
（31行）
12.5（12行）
（20行）
（26行）
（33行）
48
图1
后身片（编织花样）
（42行）
（48行）
图3
52
（边缘编织A）
（72花）挑针

20
39
0.5（1行）
继续编织

— 7 — 20 — 7 —
图4
8
（25行）
（23行）
（31行）
12.5（12行）
（20行）
（26行）
（33行）
48
前身片（编织花样）
（42行）
（48行）
52
（边缘编织A）
（72花）挑针

※全部用4/0号针编织
※花=个花样

衣领、袖窿（边缘编织B）

（4行）（2行）
（48针、16花）挑针
（2行）（4行）
（75针、25花）挑针
（102针、34花）挑针

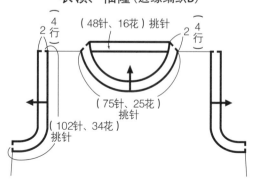

边缘编织A（下摆）

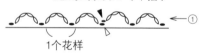

① ←
1个花样

▷ = 加线
► = 剪线

边缘编织B（衣领、袖窿）

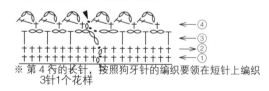

④ ←
③ ←
② ←
① ←

※ 第 4 行的长针，按照狗牙针的编织要领在短针上编织 3针1个花样

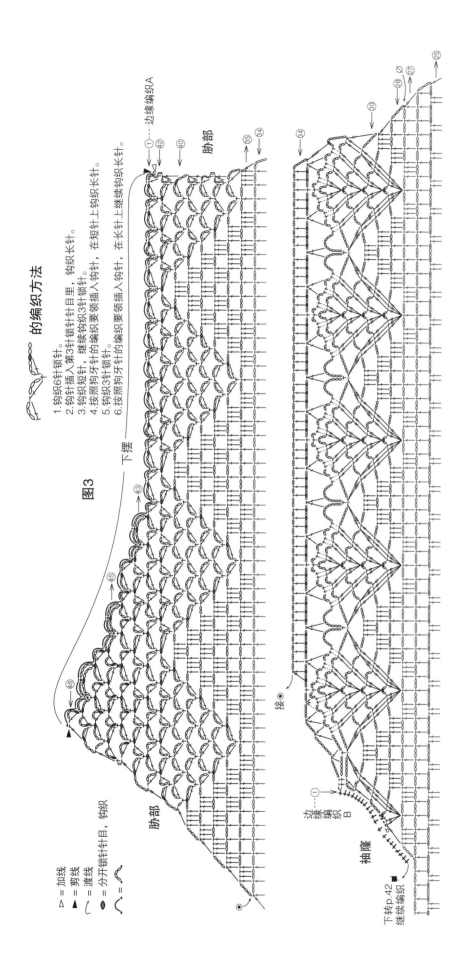

① 把线缠在手指上，绕2
圈。

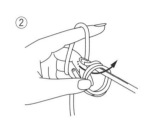

② 把线环取下，把长的毛线
挂在左手上。把钩针插入
线环中，挂线，拉出。

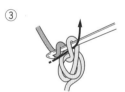

③ 再次挂线，拉出，并
拉紧针目。

④ 最初的针目钩织完成。

的编织方法

1.钩织6针锁针。
2.钩针插入第3针锁针针目里，钩织长针。
3.钩织短针，继续钩织3针锁针。
4.按照狗牙针的编织要领插入钩针，在短针上钩织长针。
5.钩织3针锁针。
6.按照狗牙针的编织要领插入钩针，在长针上继续钩织长针。

图3

下摆

胁部

胁部

▷=加线
▲=剪线
〜=渡线
◎=分开锁针针目，钩织

边缘编织A

袖窿

边缘编织B

下转p.42
继续编织

接◉

41

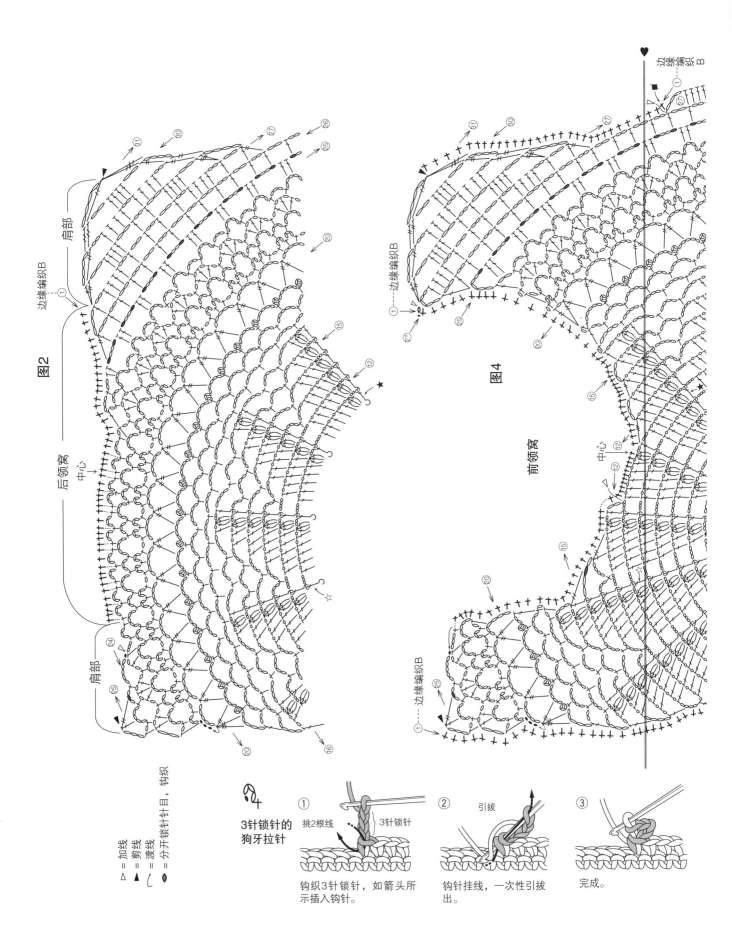

图2

图4

边缘编织B

肩部

后领窝

中心

肩部

前领窝

中心

3针锁针的
狗牙拉针

① 钩织3针锁针，如箭头所
示插入钩针。

② 钩针挂线，一次性引拔
出。

③ 完成。

挑2根线

3针锁针

引拔

△ =加线
▲ =剪线
╰ =渡线
● =分开锁针针目，钩织

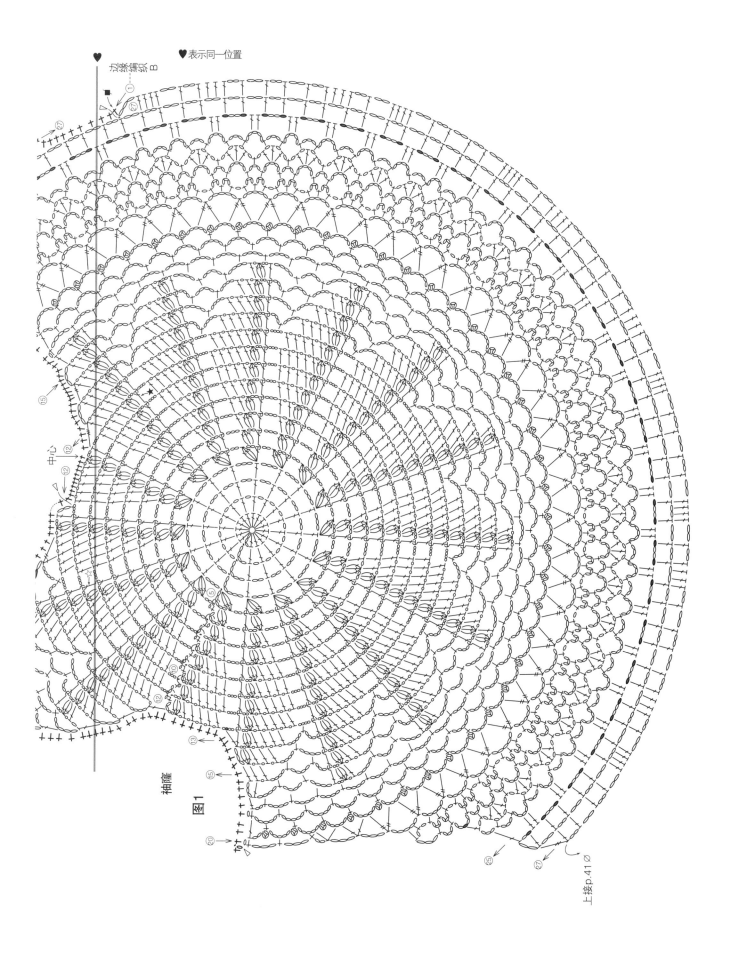

♥表示同一位置

边缘编织 B

袖窿

图1

中心

上接p.41⓪

43

7

p.7

5、6

p.6

材料▶ 和麻纳卡　**5**：纯毛中细 浅蓝色（48）305g/8团，**6**：AMERRY EHU（粗）燕麦色（521）300g/10团，**7**：ARCOBA LENO 蓝色+绿色系（106）335g/14团

工具▶ 钩针　**5**：3/0 号，**6**、**7**：4/0 号

成品尺寸▶5：胸围：132cm，衣长48.5cm，连肩袖长52cm；**6**、**7**：胸围：144cm，衣长52.5cm，连肩袖长约56cm

编织密度▶ 花片 /**5**：直径 19cm，**6**、**7**：直径 20.5cm

编织要点▶身片 连接花片进行编织。从第 2 片花片开始，在最后一行和相邻花片连接着编织。**组合** 领窝、袖口、下摆做边缘编织。

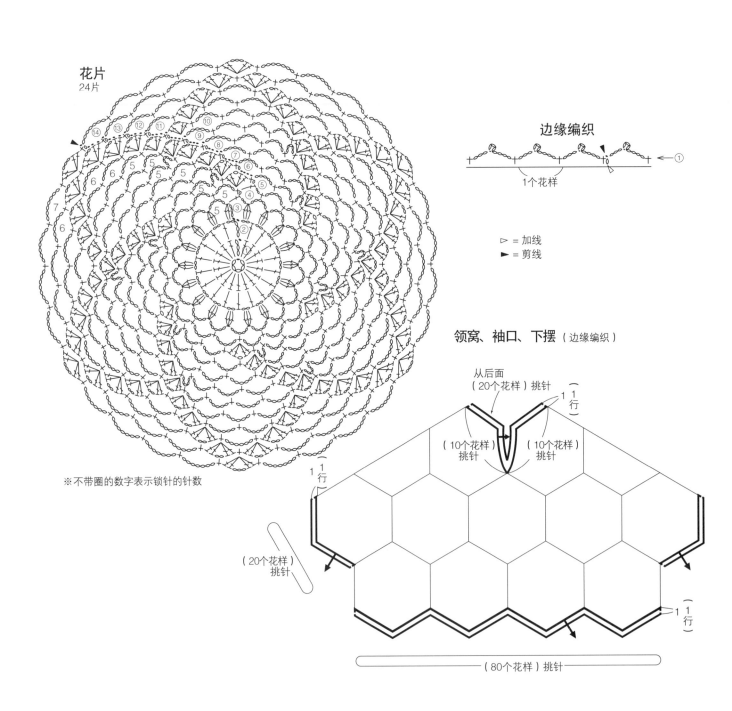

花片
24片

※不带圈的数字表示锁针的针数

边缘编织

1个花样

▷ = 加线
► = 剪线

领窝、袖口、下摆（边缘编织）

从后面
（20个花样）挑针

（10个花样）挑针　（10个花样）挑针

（1行）

（20个花样）挑针

（80个花样）挑针

前后身片 （连接花片）

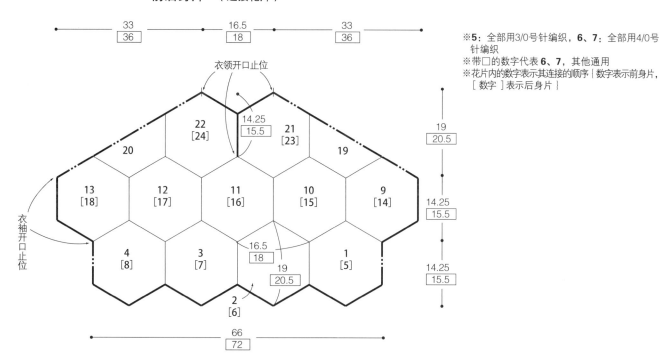

※5：全部用3/0号针编织，6、7：全部用4/0号针编织
※带□的数字代表6、7，其他通用
※花片内的数字表示其连接的顺序｛数字表示前身片，［数字］表示后身片｝

领窝的编织方法

领窝

△ = 加线
▲ = 剪线

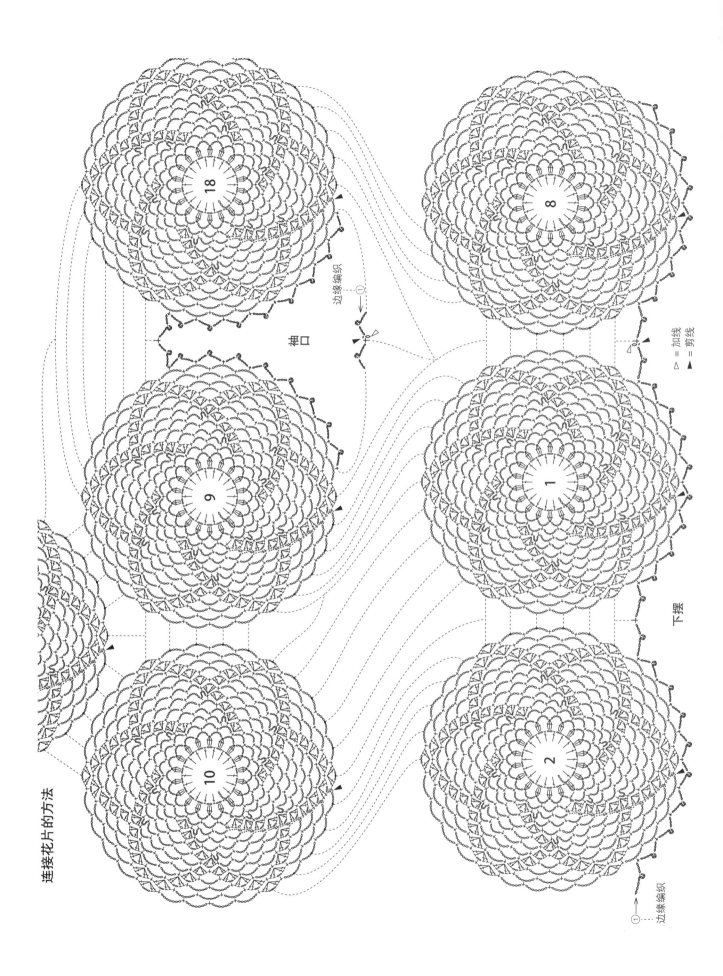

连接花片的方法

袖口

边缘编织 ①→

下摆

边缘编织 ①→

▷ = 加线
▲ = 剪线

26

....
p.28

材料▶和麻纳卡 MOHAIR COLORFUL
粉红色＋浅紫色系（304）70g/3 团
工具▶针织环（21mm）（H204-588-
21）60 个，钩针 4/0 号
成品尺寸▶宽 16cm，长 150cm

编织要点▶边包住针织环的同时边在
短针上编织连编花片。从连编花片上挑
针，做编织花样 –1。另一侧也进行挑针，
做编织花样 –2。

围巾

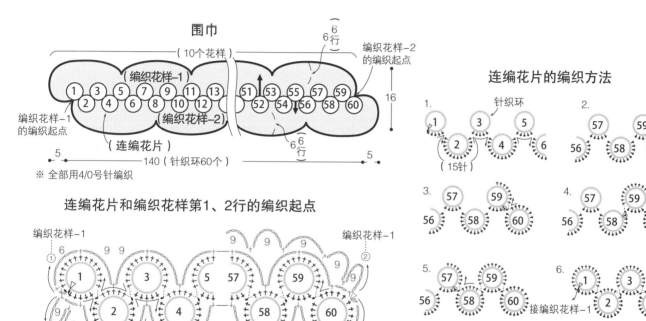

※ 全部用4/0号针编织

连编花片和编织花样第1、2行的编织起点

※编织花样第1、2行的符号用浅色表示
※浅颜色数字表示锁针的针数

连编花片的编织方法

▷ ＝加线
▶ ＝剪线
◯ ＝分开锁针针目，编织

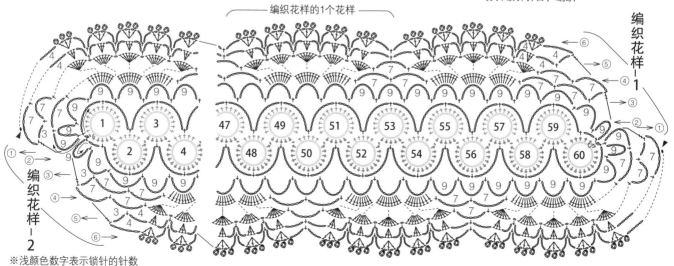

※浅颜色数字表示锁针的针数

8 p.8 **9** p.9

材料▶和麻纳卡　**8**：AMERRY 橄榄绿色（38）330g/9 团；**9**：AMERRY EHU（粗）驼色（520）165g/6 团

工具▶**8**：钩针 6/0 号，**9**：钩针 4/0 号

成品尺寸▶**8**：胸围 118cm，肩宽 47cm，衣长 72.5cm；**9**：胸围 96cm，肩宽 38cm，衣长 58.5cm

编织密度▶编织花样 A **8**：10cm 8 行，**9**：10cm 10 行；**8**：10cm×10cm 面积内：编织花样 B 25 针，8.5 行；**9**：10cm×10cm 面积内：编织花样 B 31 针，10 行

编织要点▶**身片、育克**　身片锁针起针开始编织，做编织花样 A。育克从起针处挑针，钩织短针、编织花样 B。参照图示加减针。**组合**　肩部做卷针缝缝合，胁部做挑针缝合。下摆环形钩织边缘编织 A，衣领环形钩织边缘编织 B，袖窿环形钩织边缘编织 C。

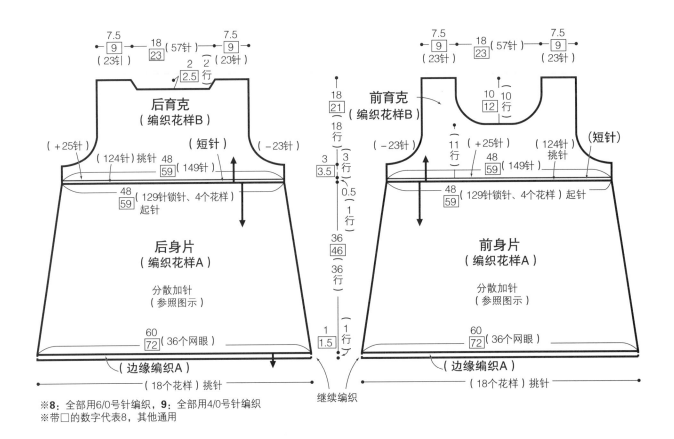

※**8**：全部用 6/0 号针编织，**9**：全部用 4/0 号针编织
※带□的数字代表 8，其他通用

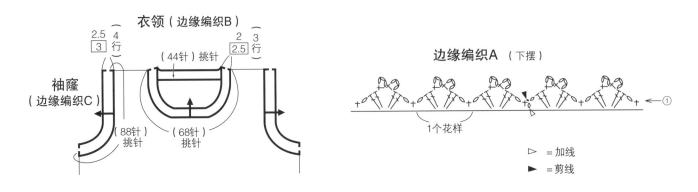

▷ = 加线
► = 剪线

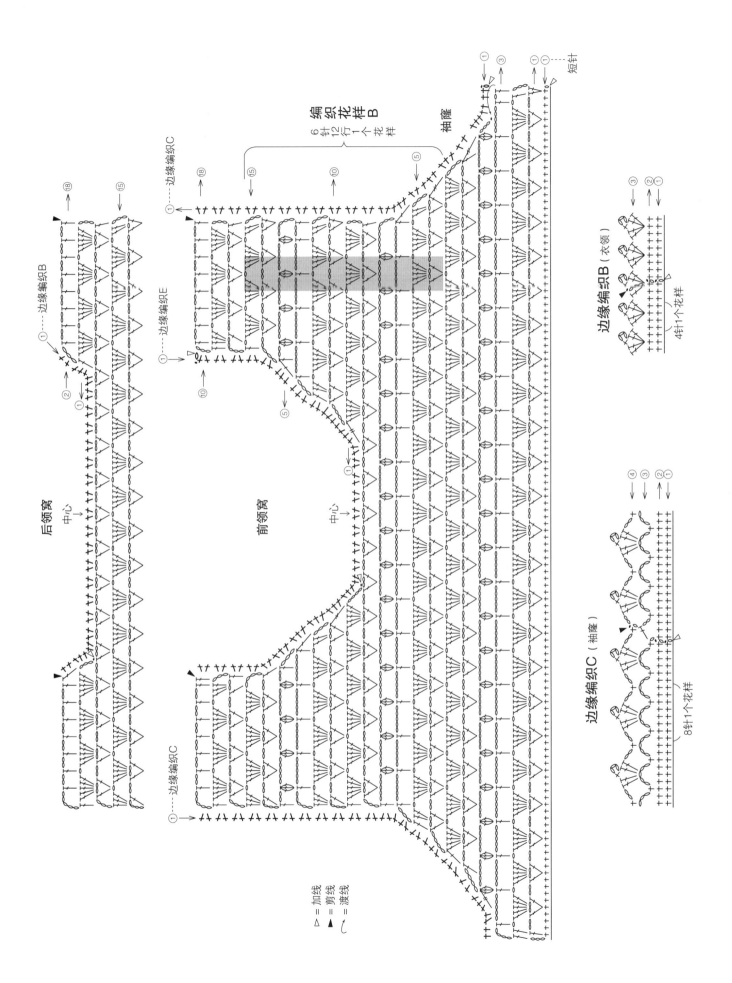

编织花样B
6针12行1个花样

边缘编织C

后领窝

前领窝

袖窿

中心

边缘编织C（袖窿）
8针1个花样

边缘编织B（衣领）
4针1个花样

△＝加线
▲＝剪线
▲＝渡线

短针

身片

▷ = 加线
► = 剪线

挑针缝合

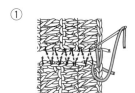

①

把织片对齐，从正面交替
在边端针目的2根线里入
针。

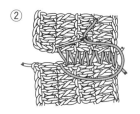

②

因为出针的位置是下一针
的入针位置，所以同一位
置各穿2次线。

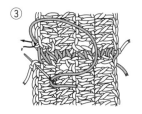

③

将缝线拉至看不见针目
为止，最后再各穿1次针
后拉紧。

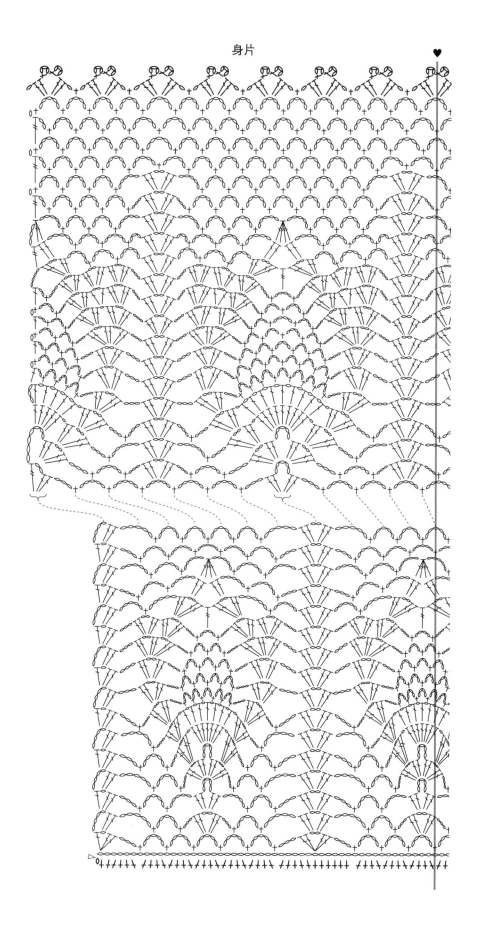

♥表示同一位置

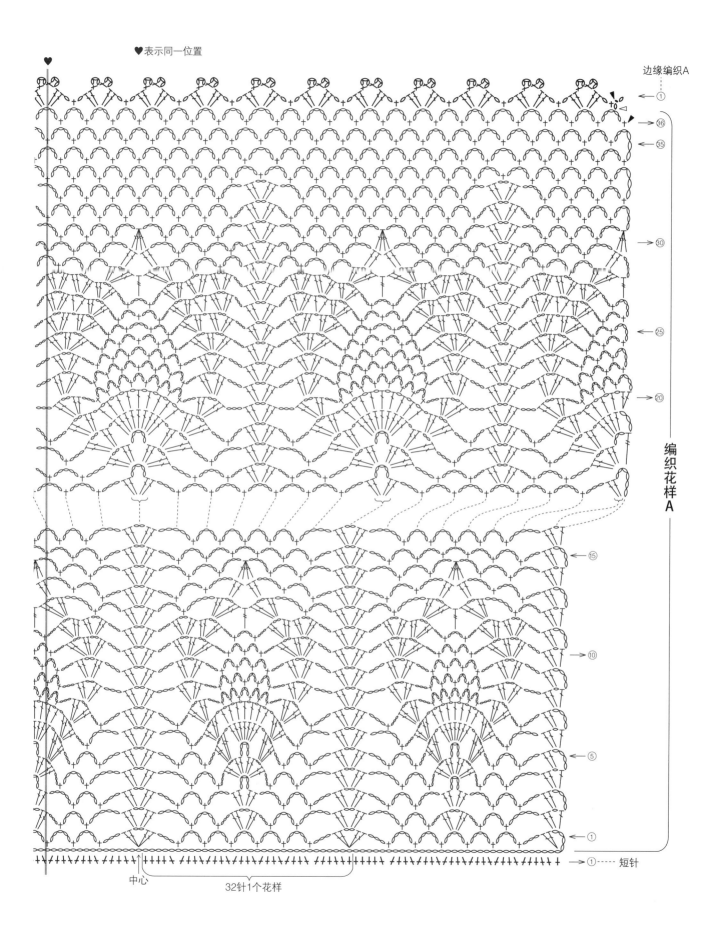

边缘编织A

编织花样A

中心

32针1个花样

短针

51

10 p.10　11 p.11

材料▶和麻纳卡 **10：** AMERRY EHU（粗）紫色（510）295g/10 团 **11：** AMERRY 燕麦色（40）425g/11 团

工具▶10： 钩针 4/0 号，**11：** 钩针 5/0 号、4/0 号

成品尺寸▶10： 胸围 110cm，衣长 48cm，连肩袖长 62.5cm **11：** 胸围 138cm，衣长 63cm，连肩袖长 35.5cm

编织密度▶10cm×10cm 面积内：编织花样 A **10：**32 针，18 行；**11：**25.5 针，13.5 行；编织花样 B **10：**1 个花样 3.8cm×10cm 16.5 行；**11：**1 个花样 4.75cm×10cm 12.5 行

编织要点▶身片、衣袖 锁针起针开始编织，做编织花样 A、B。参照图示加减针。**组合** 肩部做卷针缝缝合，胁部、袖下钩引拔针和锁针接合。**10** 的下摆、袖口、衣领环形钩织边缘编织 A。**11** 的下摆、衣领环形钩织边缘编织 A，袖口环形钩织边缘编织 B。**10** 的衣袖通过卷针缝和身片接合。

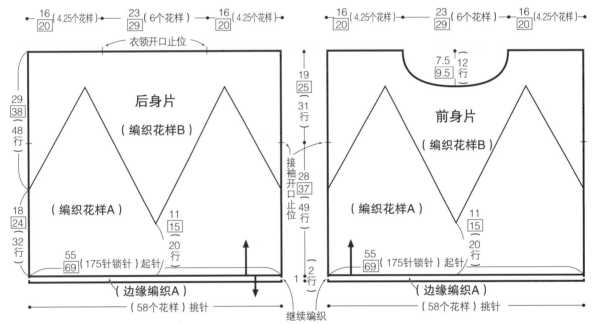

※ **10：** 全部用 4/0 号针编织
※ **11：** 指定以外用 5/0 号针编织
※ 带 □ 的数字代表 **11**，其他通用

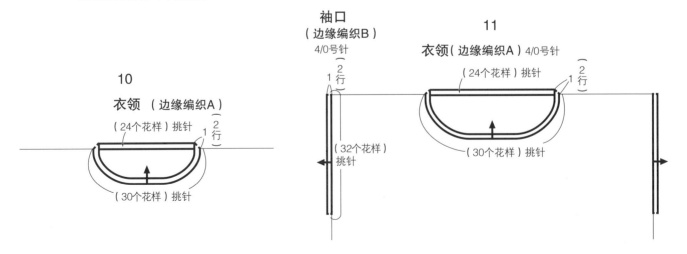

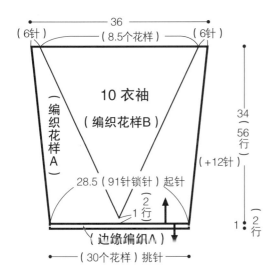

边缘编织A

1个花样

边缘编织B

1个花样

▷ = 加线
► = 剪线

编织花样A

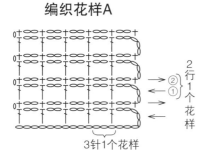

2行1个花样

3针1个花样

编织花样B

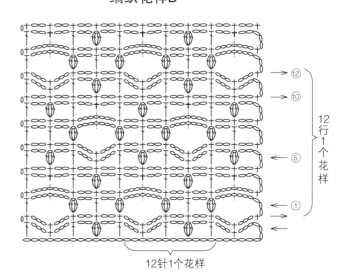

12针1个花样

┼ =整段挑起上一行和上上一行的锁针编织

5针长针的
爆米花针

（从1个针目里挑针）

※作品中使用的是4针长针的
爆米花针

① 在1针里钩入5针长针，然后取出钩针。如图所示，在最初的长针和刚才取出的线圈里插入钩针。

② 将刚才取出的线圈从第1针里拉出。

将针目拉出

③ 钩织1针锁针并拉紧。5针长针的爆米花针（从1个针目里挑针）完成。

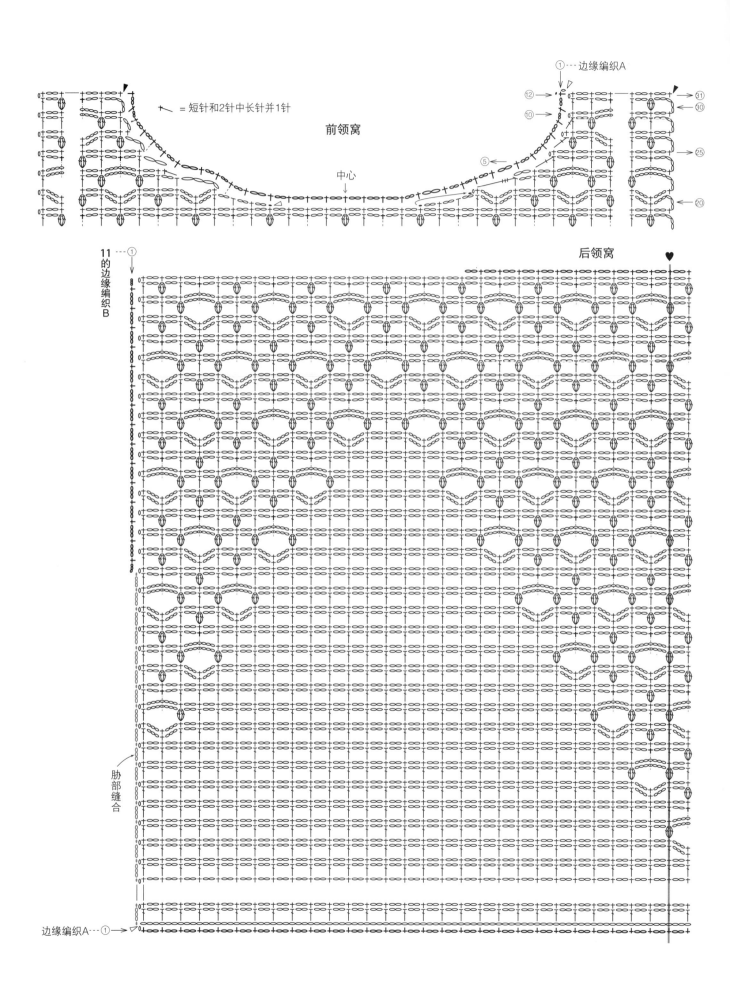

= 短针和2针中长针并1针

前领窝

边缘编织A

中心

后领窝

11的边缘编织B

胁部缝合

边缘编织A···①

渡线后继续编织

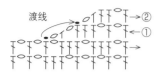

渡线

① 1针锁针 1针中长针

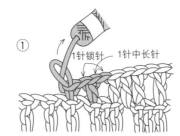

钩至第1行的最后，拉大钩针上的线圈，穿过线团后拉紧针目。

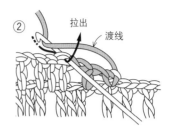

拉出   渡线

翻转织片，把线从指定位置拉出，继续编织。

▷ = 加线
► = 剪线
⌒ = 渡线

♥表示同一位置

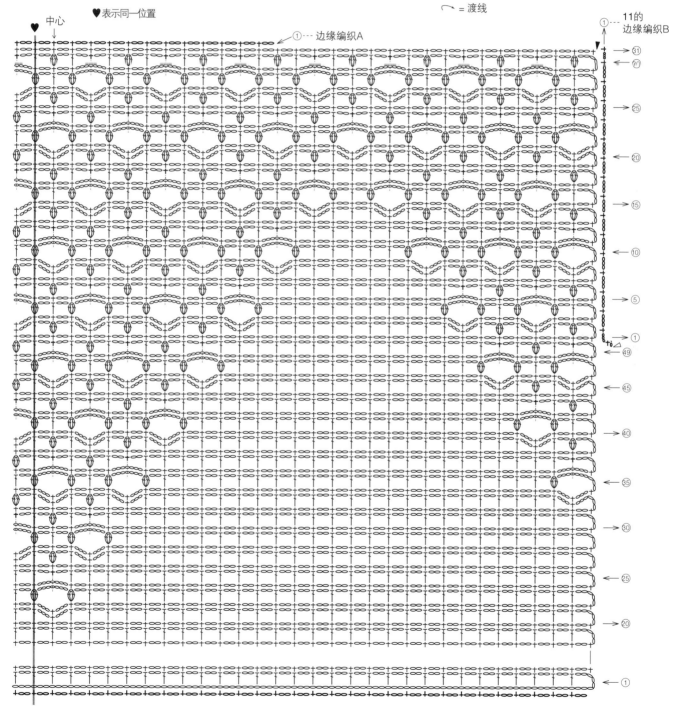

中心

①…边缘编织A

①…11的
边缘编织B

10 衣袖

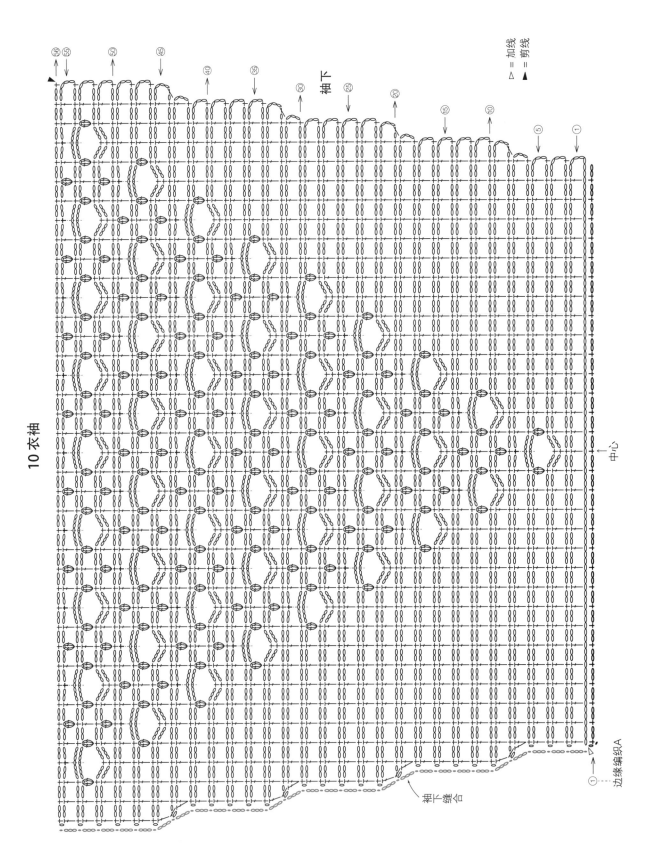

袖下

△ = 加线
▲ = 剪线

袖下缝合

边缘编织A

中心

28

p.30

材料▶ 和麻纳卡 DEENA 红色系（4）
40g/1团

工具▶ 钩针 6/0 号

成品尺寸▶ 宽 11cm，长约 53cm

编织密度▶ 花片直径 8.5cm；10cm×10cm 面积内：编织花样 B 23.5 针，8 行

编织要点 ▶ 花片 毛线一端环形起针，如图开始编织。**插口** 从花片上挑针，做编织花样 A。最后一行连接到花片的指定位置上。**主体** 从插口开始继续钩织编织花样 B、边缘编织。

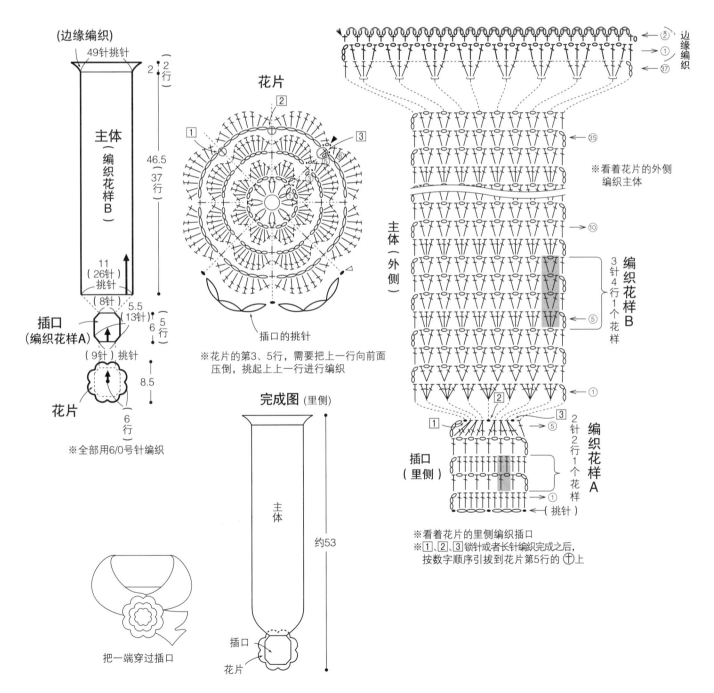

（边缘编织）

49针挑针

2（2行）

主体
（编织花样B）

46.5（37行）

11（26针）挑针

（8针）

5.5（13针）

6（5行）

插口
（编织花样A）

（9针）挑针

花片

6（6行）

8.5

※全部用6/0号针编织

花片

插口的挑针

※花片的第3、5行，需要把上一行向前面压倒，挑起上上一行进行编织

完成图（里侧）

主体

约53

插口

花片

把一端穿过插口

边缘编织

※看着花片的外侧编织主体

主体（外侧）

3针4行1个花样 **编织花样B**

插口（里侧）

2针2行1个花样 **编织花样A**

（挑针）

※看着花片的里侧编织插口
※１、２、３锁针或者长针编织完成之后，按数字顺序引拔到花片第5行的⊕上

57

12

p.13

材料▶和麻纳卡 ARCOBA LENO 粉红色＋紫色系（104）210g/9 团

工具▶钩针 5/0 号

成品尺寸▶胸围 98cm，衣长 52cm，连肩袖长 41cm

编织密度▶编织花样 A、A'：1 个花样（22 针）9cm×10cm 内 11 行

编织要点▶身片、衣袖 后身片锁针起针开始编织，做编织花样 A。前身片锁针起针，从右肩开始编织，做编织花样 B、A。参照图示加减针。**组合** 肩部看着内侧做卷针缝缝合、胁部钩短针和锁针接合。衣袖从身片上挑针，环形钩织编织花样 A'。下摆、袖口环形钩织边缘编织 A、衣领环形钩织边缘编织 B。

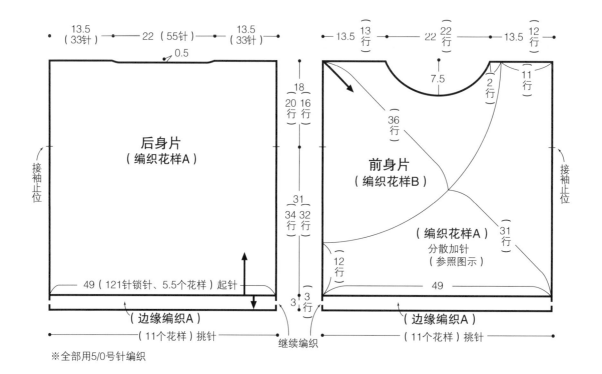

※全部用5/0号针编织

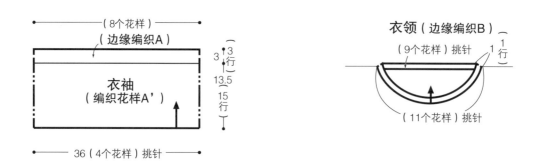

编织花样A

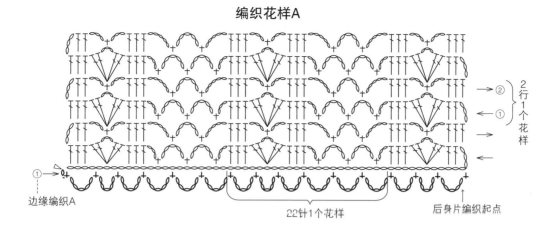

边缘编织A

22针1个花样

后身片编织起点

2行1个花样

边缘编织A
1个花样

衣袖

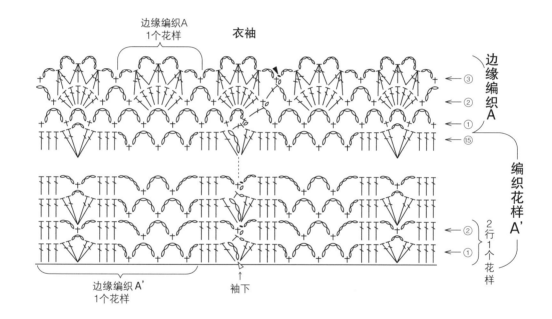

边缘编织A

编织花样A'

边缘编织A'
1个花样

袖下

2行1个花样

边缘编织A（下摆）

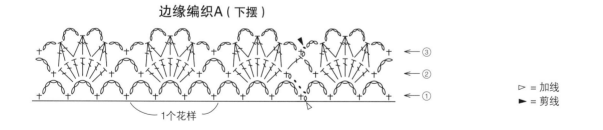

1个花样

▷ = 加线
► = 剪线

边缘编织B（衣领）

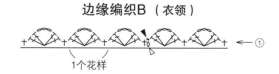

1个花样

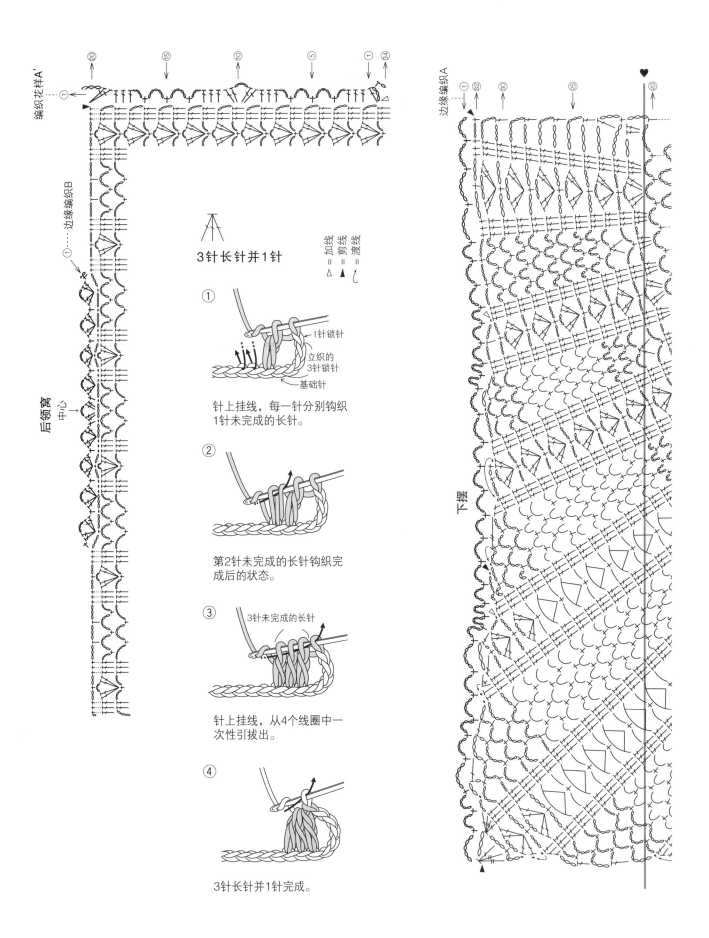

编织花样A'

边缘编织B

后领窝

中心

3针长针并1针

△ = 加线 ▲ = 剪线 ⌇ = 渡线

① 针上挂线，每一针分别钩织1针未完成的长针。

1针锁针
立织的3针锁针
基础针

② 第2针未完成的长针钩织完成后的状态。

③ 3针未完成的长针

针上挂线，从4个线圈中一次性引拔出。

④ 3针长针并1针完成。

边缘编织A

下摆

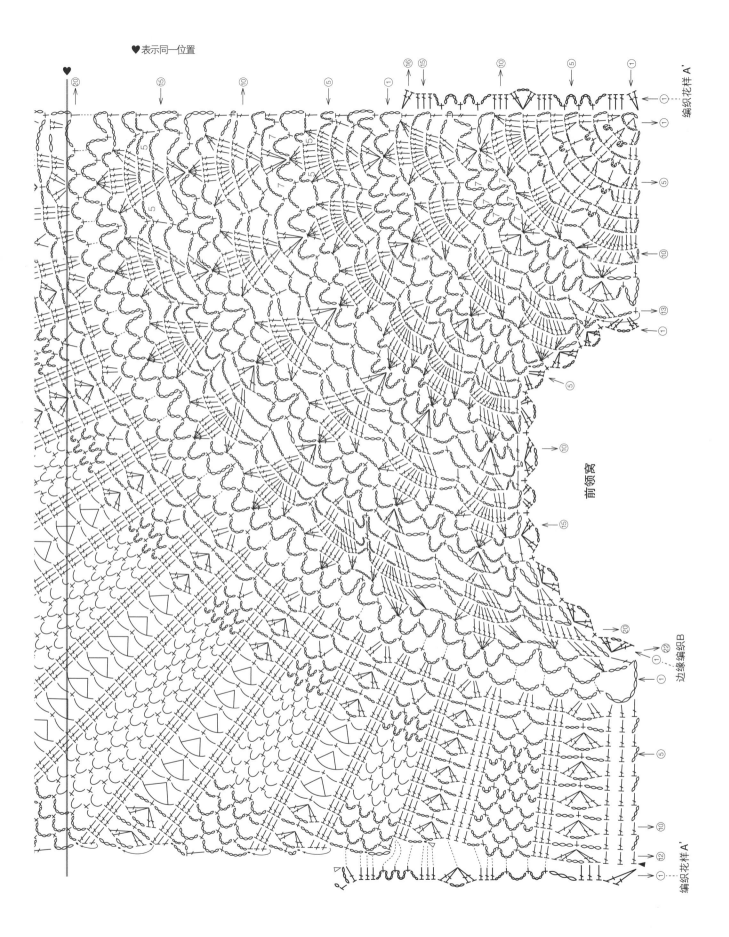

♥表示同一位置

编织花样 A'

前领窝

边缘编织 B

编织花样 A'

61

14

p.15

材料▶和麻纳卡 PARFUM 米黄色系段染（1）190g/8 团

工具▶钩针 5/0 号、4/0 号

成品尺寸▶胸围 104cm，衣长 48cm，连肩袖长 29.5cm

编织密度▶编织花样：1 个花样 10.4cm×10cm 10.5 行

编织要点▶身片 从后身片的肩部锁针起针开始编织，做编织花样 A、B。从起针挑针，按照上述方法编织前身片。

组合 胁部钩引拔针和锁针接合。袖口环形钩织边缘编织 A、衣领环形钩织边缘编织 B。

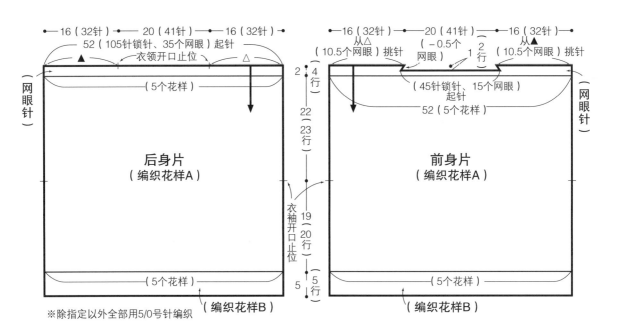

←16（32针）→←20（41针）→←16（32针）→
52（105针锁针、35个网眼）起针
衣领开口止位
▲　　　△
（5个花样）
（网眼针）
后身片
（编织花样A）
（5个花样）
（编织花样B）
※除指定以外全部用5/0号针编织
衣袖开口止位

←16（32针）→←20（41针）→←16（32针）→
（从△（10.5个网眼）挑针）（−0.5个网眼）1〔2行〕（从△（10.5个网眼）挑针）
（45针锁针、15个网眼）起针
52（5个花样）
（网眼针）
前身片
（编织花样A）
（5个花样）
（编织花样B）

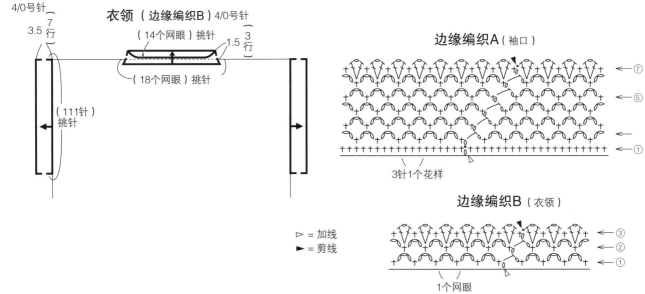

袖口（边缘编织A）
4/0号针
3.5〔7行〕
（111针）挑针

衣领（边缘编织B）4/0号针
（14个网眼）挑针　1.5〔3行〕
（18个网眼）挑针

边缘编织A（袖口）
←⑦
←⑤
←①
3针1个花样

边缘编织B（衣领）
←③
←②
←①
1个网眼

▷ ＝ 加线
► ＝ 剪线

62

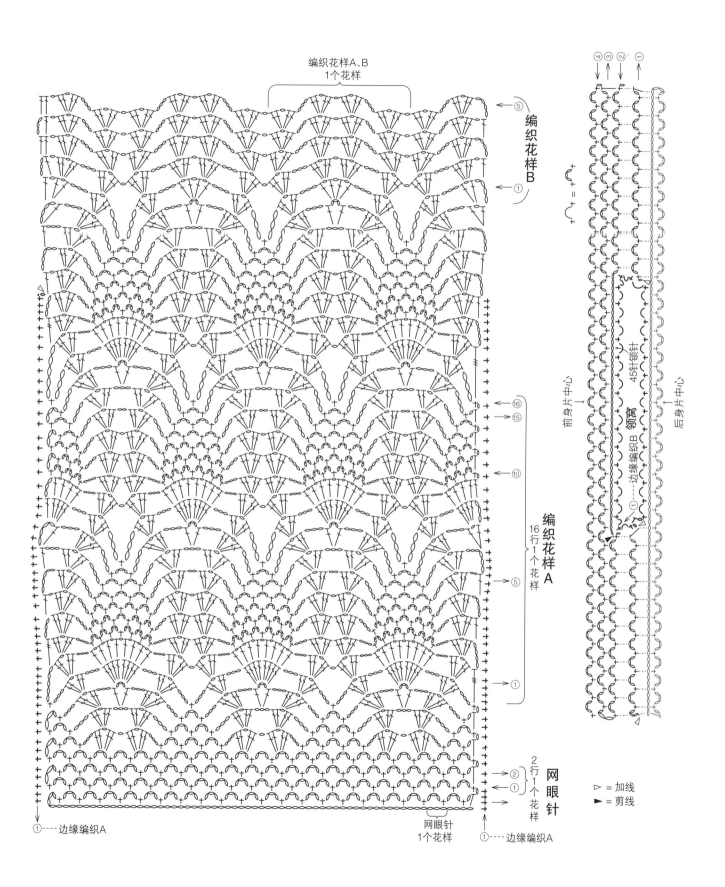

编织花样A、B
1个花样

编织花样B

⑤

①

编织花样A
16行1个花样

⑯
⑮

⑩

⑤

①

②
①
2行1个花样

网眼针

①----边缘编织A

网眼针
1个花样

①----边缘编织A

④③②①

前身片中心

45针锁针

边缘编织B

领窝

①

后身片中心

▷ = 加线
► = 剪线

15

p.16

材料▶和麻纳卡 SONOMONO SURI ALPACA 茶色（83）340g/14 团

工具▶钩针 3/0 号

成品尺寸▶胸围 90cm，肩宽 35cm，衣长 53.5cm，袖长 24.5cm

编织密度▶ 10cm×10cm 面积内：编织花样 35.5 针，18 行

编织要点▶身片、衣袖 锁针起针开始编织，做编织花样。第 1 行在锁针的里山挑针编织。参照图示加减针。**组合** 肩部钩引拔针和锁针接合。胁部、袖下钩引拔针和锁针接合。下摆、袖口环形钩织边缘编织 A，衣领环形钩织边缘编织 B。衣袖钩引拔针和锁针与身片接合。

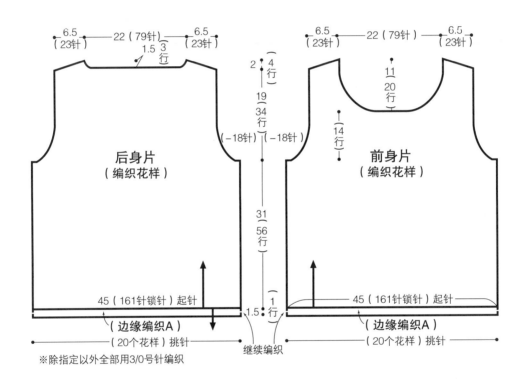

后身片（编织花样）

6.5（23针）　22（79针）　6.5（23针）

1.5（3行）

2（4行）

19（34行）（-18针）

31（56行）

1.5（1行）

45（161针锁针）起针

（边缘编织A）

（20个花样）挑针

继续编织

前身片（编织花样）

6.5（23针）　22（79针）　6.5（23针）

11（20行）

14行

45（161针锁针）起针

（边缘编织A）

（20个花样）挑针

※除指定以外全部用3/0号针编织

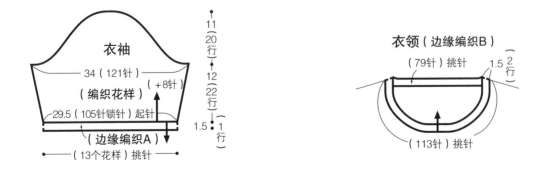

衣袖（编织花样）

34（121针）

（+8针）

29.5（105针锁针）起针

（边缘编织A）

（13个花样）挑针

11（20行）

12（22行）

1.5（1行）

衣领（边缘编织B）

（79针）挑针

1.5（2行）

（113针）挑针

编织花样

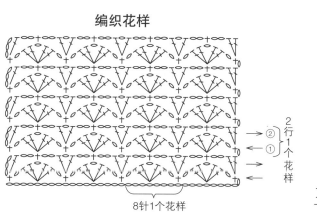

8针1个花样

2行1个花样

边缘编织A（下摆、袖口）

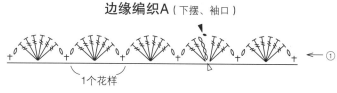

1个花样

边缘编织B（衣领）

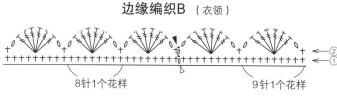

8针1个花样　　　　9针1个花样

※1个花样的第1行针数参照领窝的符号图

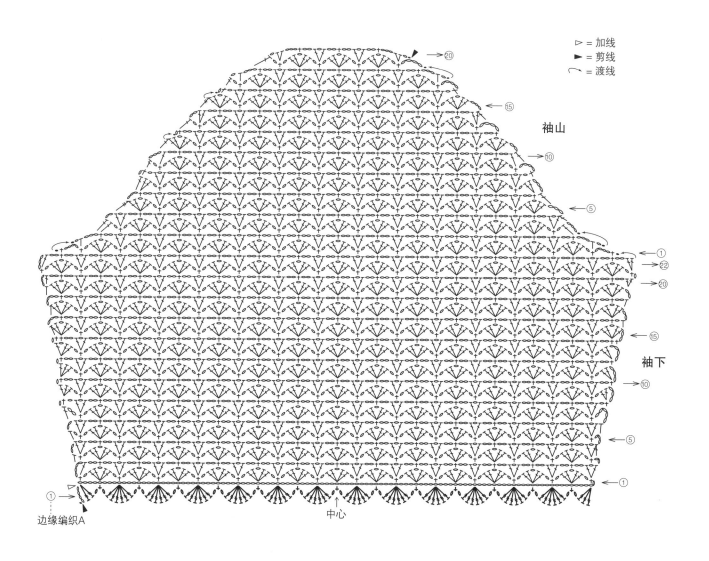

▷ = 加线
► = 剪线
⌒ = 渡线

袖山

袖下

中心

边缘编织A

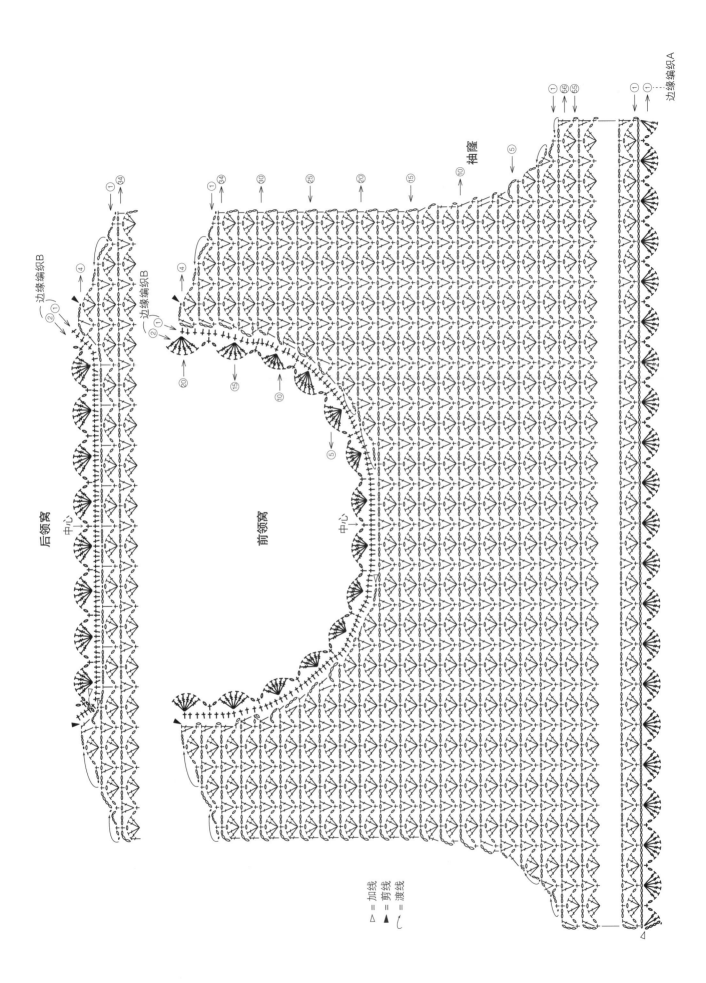

后领窝

边缘编织B

前领窝

袖隆

边缘编织B

边缘编织A

▷ ＝加线
▲ ＝剪线
ℓ ＝渡线

18

p.19

材料▶和麻纳卡 WALTZ　浅红色＋黄褐色系（7）110g/5团

工具▶钩针 4/0 号

成品尺寸▶胸围 94cm，肩宽 37cm，衣长 53cm

编织密度▶编织花样：30 针 10cm×1 个花样（30 行）28cm

编织要点▶身片 锁针起针开始编织，做编织花样。参照图示减针。**组合** 肩部做卷针缝缝合，胁部做卷针缝缝合。下摆环形钩织边缘编织 A，衣领、袖窿环形钩织边缘编织 B。

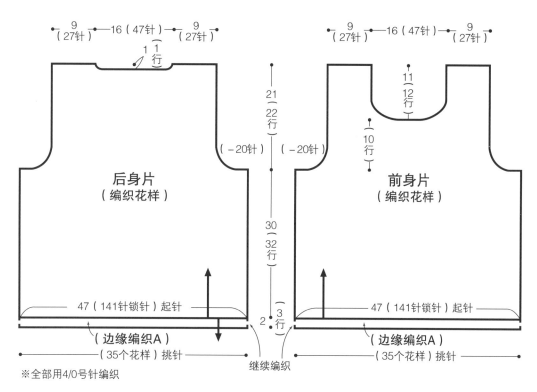

※全部用4/0号针编织

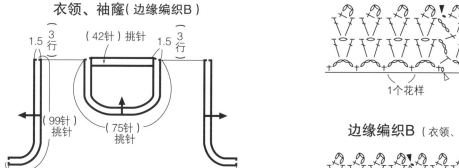

边缘编织A（下摆）

1个花样

衣领、袖窿（边缘编织B）

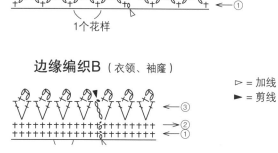

边缘编织B（衣领、袖窿）

▷ = 加线
► = 剪线

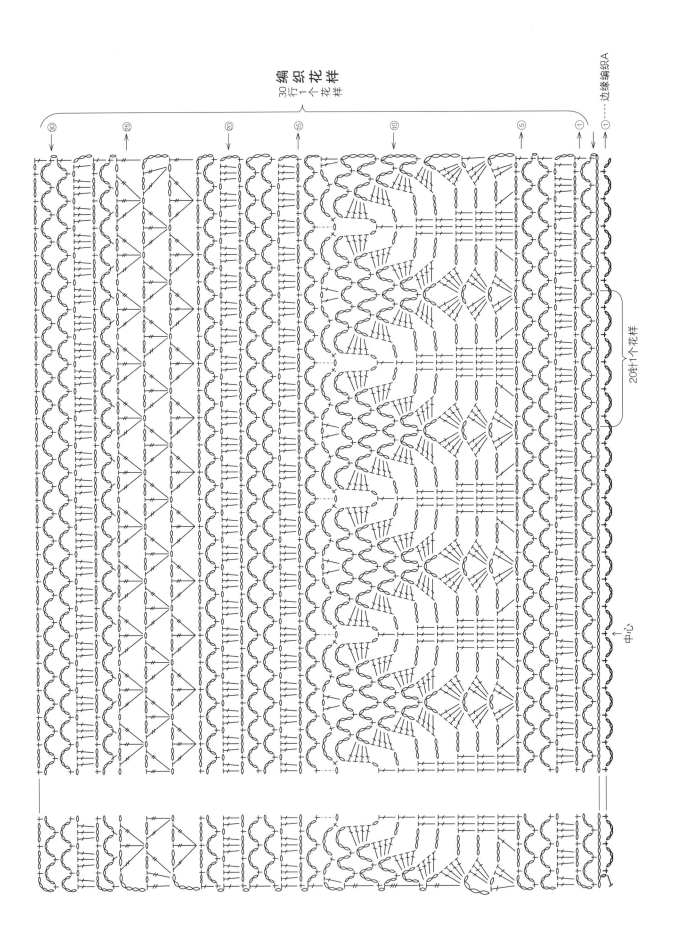

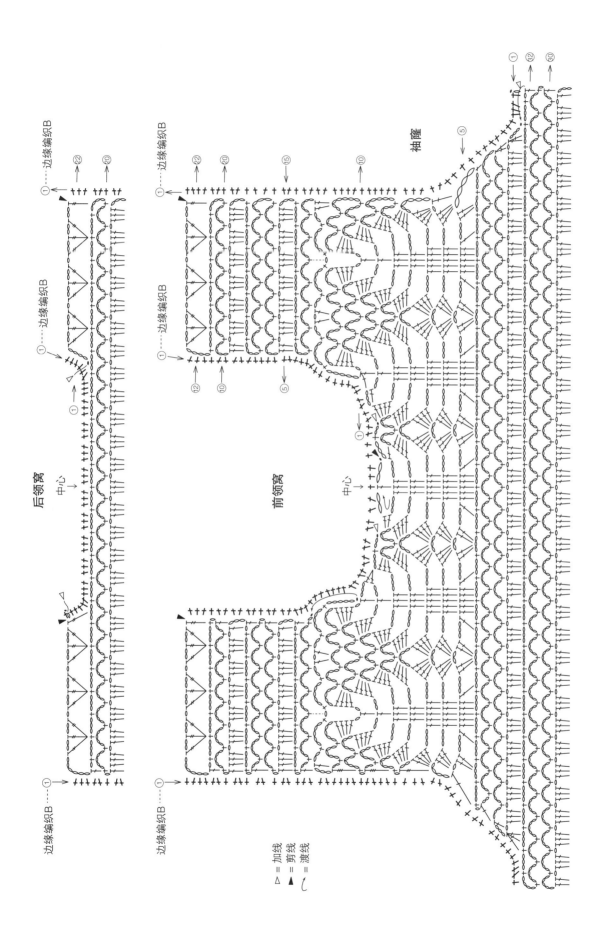

后领窝

边缘编织B

中心

边缘编织B

前领窝

中心

袖隆

边缘编织B

△ = 加线
▲ = 剪线
乚 = 渡线

16

p.17

材料▶和麻纳卡 WALTZ 绿色系（6）130g/6 团，EMPEROR 灰色（12）110g/5 团

工具▶钩针 6/0 号

成品尺寸▶胸围 92cm，衣长 55cm，连肩袖长 25cm

编织密度▶花片：6.5cm×6.5cm；10cm×10cm 面积内：编织花样 18.5 针，10.5 行

编织要点▶身片 把 2 根线对齐，用连接花片的方法编织。1 片花片编织完成之后，第 2 片花片引拔连接到最初的花片上之后进行编织。第 3 片花片从第 1 片花片上挑针编织。然后按照以上方法编织连接 25 片花片。从花片连接处挑针，连接花片编织的同时做编织花样。参照图示减针。**组合** 肩部做卷针缝缝合，胁部钩引拔针和锁针接合。衣领、袖口、下摆环形钩织边缘编织。

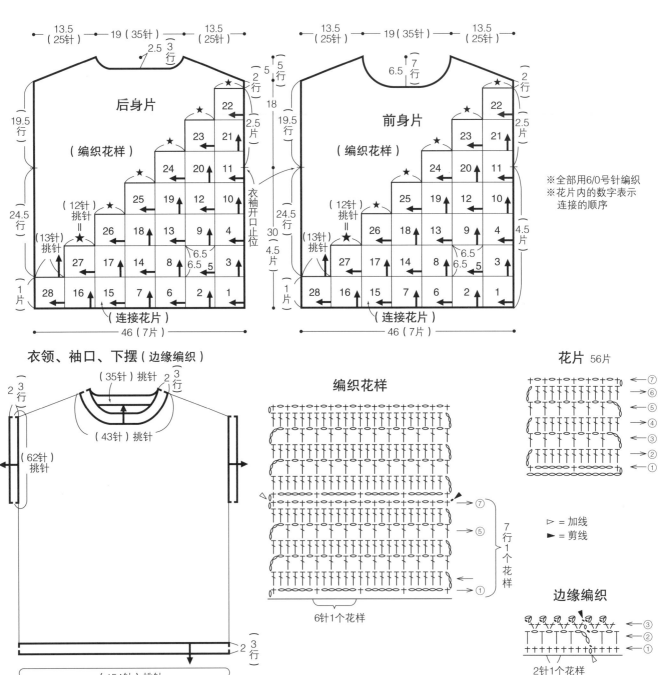

后身片（编织花样）

前身片（编织花样）

※全部用6/0号针编织
※花片内的数字表示连接的顺序

衣领、袖口、下摆（边缘编织）

编织花样

花片 56片

▷ = 加线
► = 剪线

边缘编织

6针1个花样

7行1个花样

2针1个花样

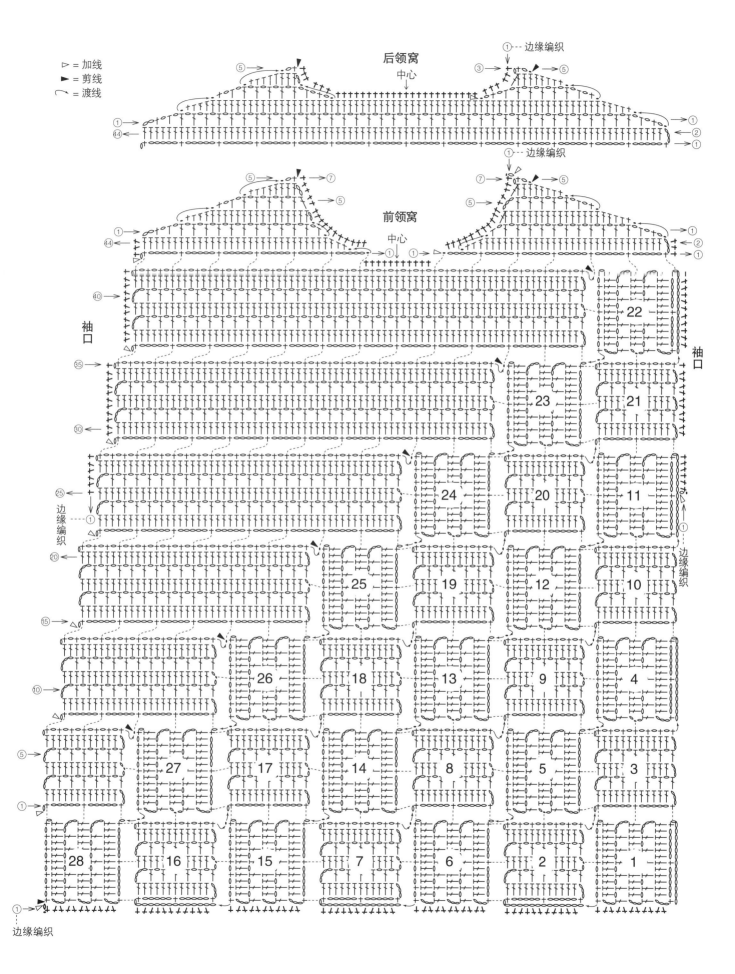

边缘编织

袖口

后领窝
中心

前领窝
中心

边缘编织

袖口

▷ = 加线
► = 剪线
⌒ = 渡线

① -- 边缘编织

① -- 边缘编织

边缘编织

71

17

p.18

材料▶和麻纳卡 DEENA　红色＋深灰色系（12）255g/7 团

工具▶钩针 5/0 号

成品尺寸▶胸围 98cm，衣长 55cm，连肩袖长 26cm

编织密度▶10cm×10cm 面积内：长针 18 针，9.5 行；编织花样：1 个花样（15 针）7cm×10cm 内 9.5 行

编织要点▶**身片**　编织 2 片一样的编片。锁针起针开始编织，编织长针和编织花样。**组合**　肩部做卷针缝缝合，胁部做卷针缝缝合。

前后身片

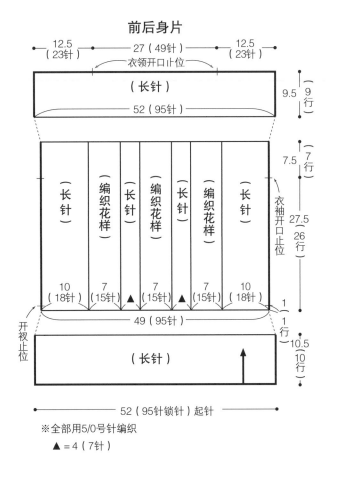

12.5（23针）　27（49针）　12.5（23针）
衣领开口止位

（长针）　9.5（9行）

52（95针）

（长针）（编织花样）（长针）（编织花样）（长针）（编织花样）（长针）　7.5（7行）　27.5（26行）　衣袖开口止位

10（18针）　7（15针）▲　7（15针）▲　7（15针）　10（18针）　1（1行）

49（95针）

开衩止位　（长针）　10.5（10行）

52（95针锁针）起针

※全部用5/0号针编织

▲=4（7针）

编织花样的编织方法

1.

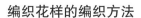

（15针锁针）　→①
←⑩

第1行：编织15针锁针

2.

←②
→①
←⑩

第2行：整段挑起第1行的锁针，编织5针长针→锁针放在后面，挑起第10行长针的头部，编织3针长针→整段挑起第1行的锁针，编织3针长针→挑起第10行长针的头部，编织3针长针→整段挑起第1行的锁针，编织5针长针

3.

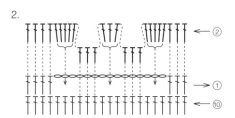

（15针锁针）　→③
←②
→①
←⑩

第3行：编织15针锁针

4.

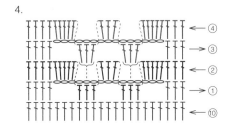

←④
→③
←②
→①
←⑩

第4行：整段挑起第3行的锁针，编织5针长针→整段挑起第1行的锁针，编织3针长针→整段挑起第3行的锁针，编织3针长针→整段挑起第1行的锁针，编织3针长针→整段挑起第3行的锁针，编织5针长针→

※第5行以后按照第3行、第4行的方法编织

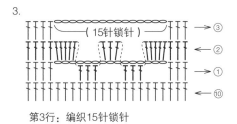

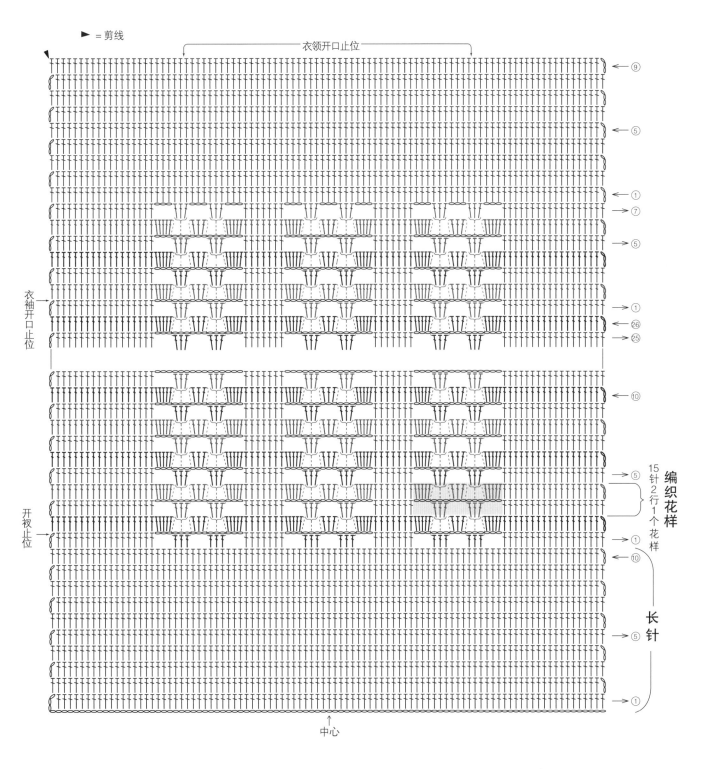

► = 剪线

衣领开口止位

← ⑨
← ⑤
← ①
→ ⑦
→ ⑤
→ ①
← ㉖
← ㉕

衣袖开口止位

← ⑩

→ ⑤

15针2行1个花样

编织花样

开衩止位

→ ①
← ⑩

→ ⑤

长针

→ ①

中心

卷针缝缝合

①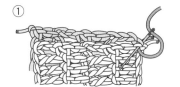

把2片织片正面相对对齐，把手缝针插入起针的锁针里。

②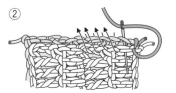

如图所示分开2片织片边端的针目总是从相同方向插入手缝针，用手缝针做卷针缝缝合固定。

③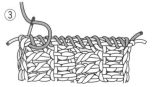

缝合结束处，在同一个地方重复入针一两次，然后在织片的反面处理线头。

73

19

p.21

材料▶和麻纳卡 ARCOBA LENO 紫色系（105）280g/12 团、米色系（101）190g/8 团

工具▶钩针 6/0 号、4/0 号

成品尺寸▶衣长约 47cm

编织密度▶10cm × 10cm 面积内：编织花样 A 22 针，17.5 行

编织要点 ▶身片 左、右身片分别锁针起针开始编织，环形做编织花样 A。然后继续往返做编织花样 A、B。右身片的最后一行编织的同时，连接到后身片中心处。**组合** 袖口从起针处挑针，环形钩织边缘编织。

边缘编织

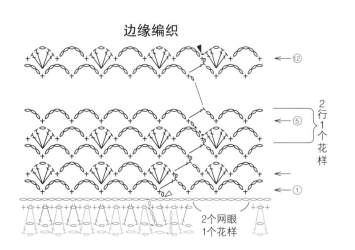

2 行 1 个花样

2 个网眼 1 个花样

▷ =加线
► =剪线

编织花样A

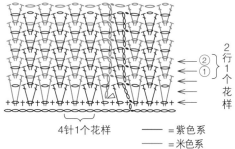

2 行 1 个花样

4 针 1 个花样 —— =紫色系
—— =米色系

※紫色系和米色系每行交叉休线，整段挑起上一行和上上一行的锁针进行编织

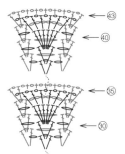

编织花样A的分散加针

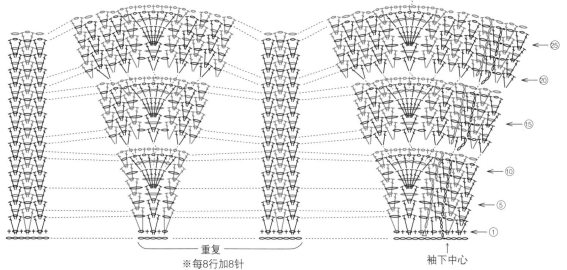

重复
※每8行加8针

袖下中心

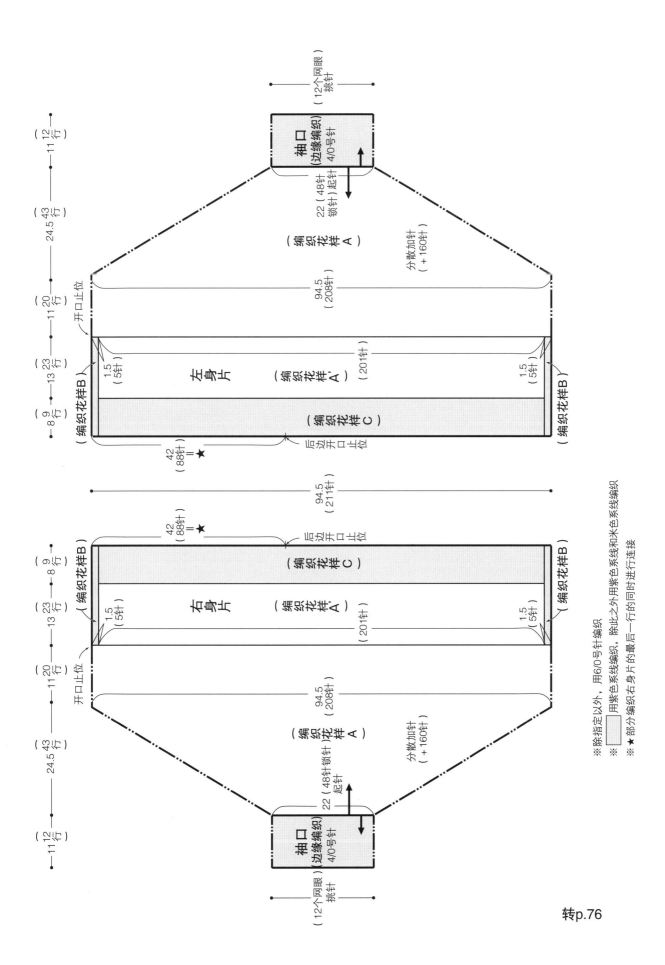

转p.76

75

接p.75作品19

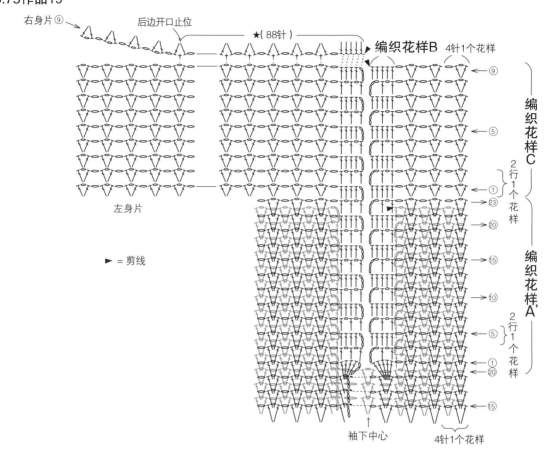

右身片⑨　　后边开口止位　　★(88针)　　编织花样B　4针1个花样

编织花样C

左身片

► = 剪线

编织花样A'

2行1个花样

2行1个花样

袖下中心　　4针1个花样

接p.77作品27

编织花样B-1

编织花样B-2

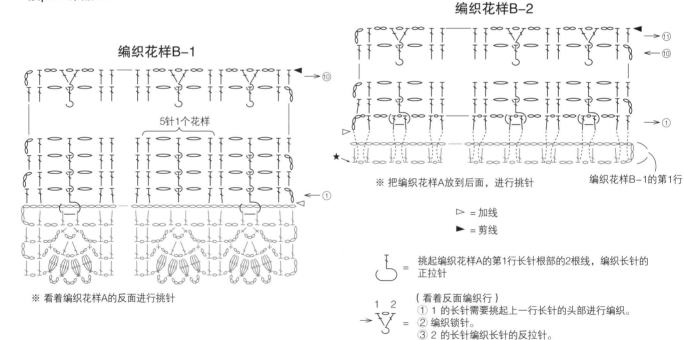

5针1个花样

※ 看着编织花样A的反面进行挑针

※ 把编织花样A放到后面，进行挑针

编织花样B-1的第1行

▷ = 加线

► = 剪线

= 挑起编织花样A的第1行长针根部的2根线，编织长针的正拉针

（看着反面编织行）
① 1 的长针需要挑起上一行长针的头部进行编织。
② 编织锁针。
③ 2 的长针编织长针的反拉针。

27

······· p.29

材料▶和麻纳卡 WALTZ　浅灰色（1）125g/5 团

工具▶钩针 5/0 号

成品尺寸▶宽 38cm，长 124cm

编织密度▶编织花样 A：2 个花样 10.5cm×10cm 11.5 行；编织花样 B：1 个花样 1.5cm×10cm 12.5 行

编织要点▶锁针起针开始编织，在编织花样 B-1 的第 1 行上继续做编织花样 A、边缘编织，编织主体。从起针上挑针，通过编织花样 B 编织插口 1，剪线。从编织花样 B-1 的第 1 行上挑针，通过编织花样 B 编织插口 2。从 2 片插口上一起挑针，披肩顶端做编织花样 A、边缘编织。

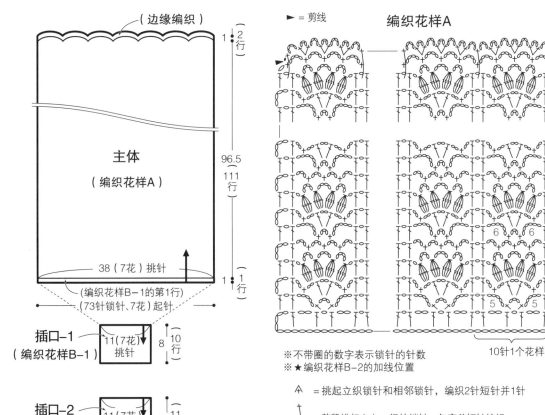

► = 剪线

编织花样A

边缘编织

（边缘编织）

1 ‖ 2 行

主体（编织花样A）

96.5 111 行

38（7花）挑针

1 ‖ 1 行

（编织花样B-1的第1行）

（73针锁针、7花）起针

插口-1（编织花样B-1）

11（7花）挑针

8 ‖ 10 行

插口-2（编织花样B-2）

11（7花）挑针

9 ‖ 11 行

38（7花）挑针

披肩顶端（编织花样A）

16.5 19 行

1 ‖ 2 行

（边缘编织）

※全部用5/0号针编织
※花=个花样
※插口、披肩顶端的挑针参照符号图

② ←
① →
⑪ ←
⑲
主体 披肩顶端
⑩ →
4 行 1 个花样
⑤ ←
6 | 6
① ←
5 | 5
★ 编织花样B-1的第1行

10针1个花样

※不带圈的数字表示锁针的针数
※★编织花样B-2的加线位置

△ = 挑起立织锁针和相邻锁针，编织2针短针并1针

= 整段挑起上上一行的锁针，包裹着短针编织

编织花样A（披肩顶端）的挑针

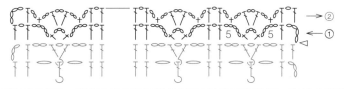

② →
① ←
5 | 5

※第1行的编织，需要2片编织花样B的编织终点处背面相对对齐，从2片上挑针

接p.76

23

p.25

材料▶ 和麻纳卡 LANTANA　灰色 + 蓝色系（208）300g/1 团，纽扣 1 颗

工具▶ 钩针 3/0 号

成品尺寸▶ 衣长 74cm

编织密度▶ 编织花样 A：10cm 8.5 行，编织花样 B：10cm 13.5 行

编织要点▶身片 …毛线一端环形起针开始编织，做编织花样 A。然后环形钩织编织花样 B 到第 8 行。从第 9 行开始，做往返编织，后衣领处编织的同时需要减针。袖口和扣眼的部分编织锁针。参照图示加减针。

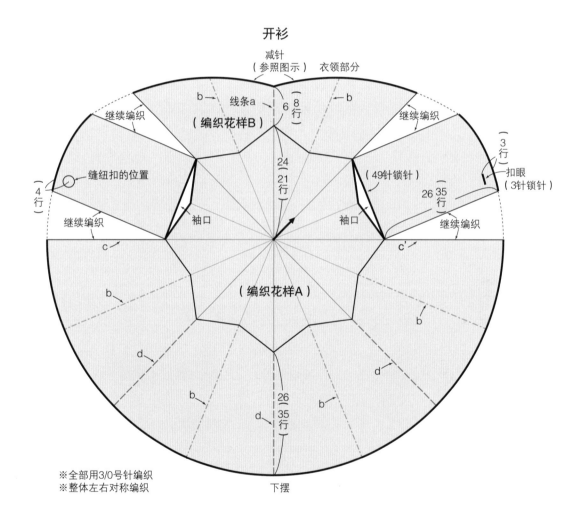

开衫

※全部用3/0号针编织
※整体左右对称编织

编织花样A

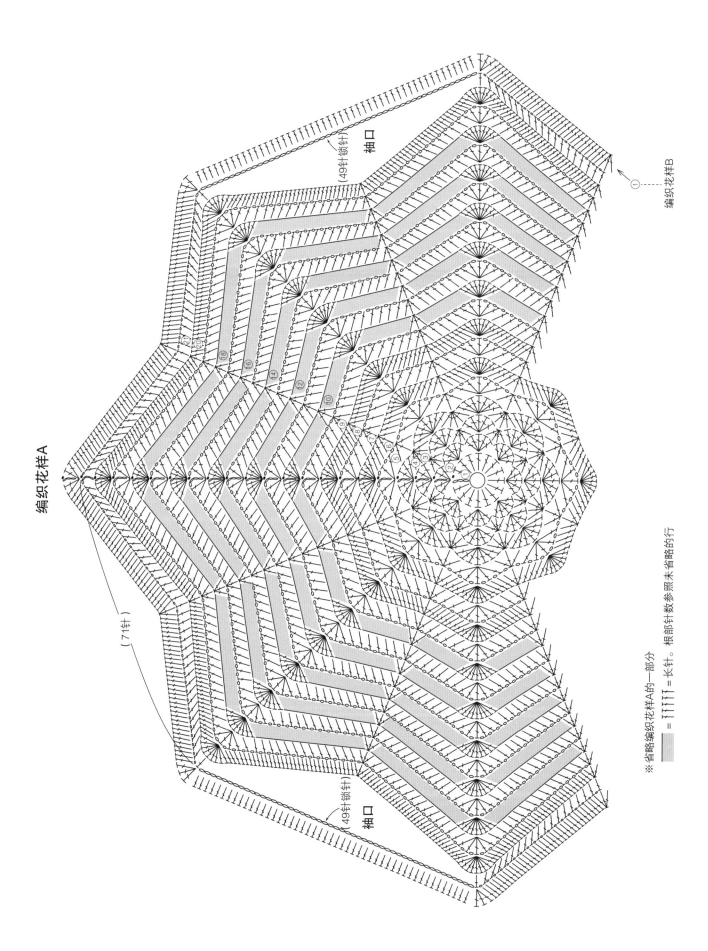

袖口

(49针锁针)

编织花样B

①

(71针)

袖口

(49针锁针)

※省略编织花样A的一部分

= ↑↑↑↑↑ =长针。根部针数参照未省略的行

79

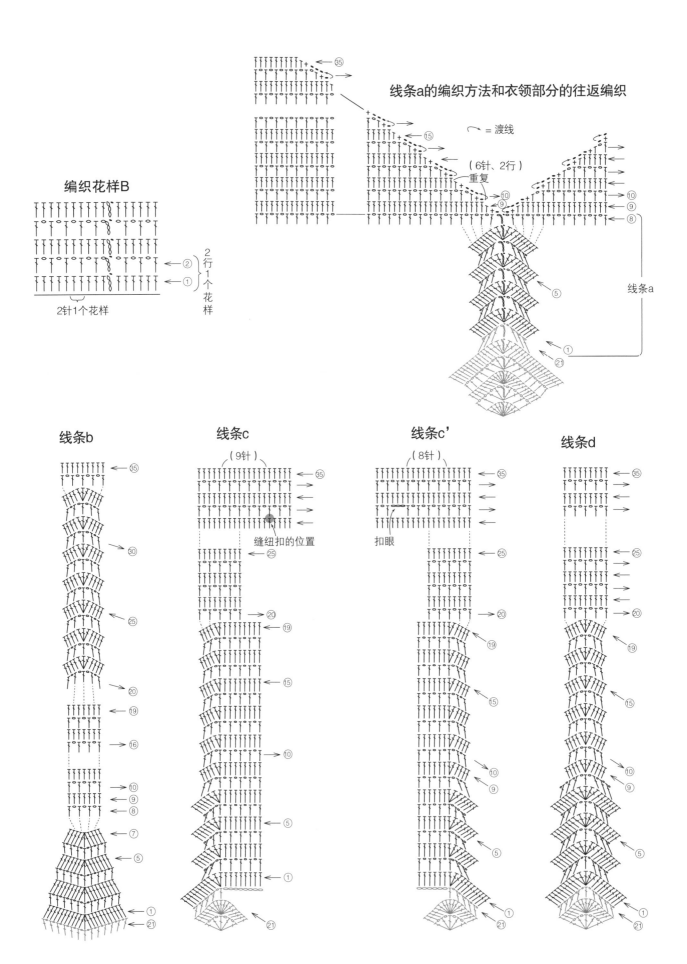

线条a的编织方法和衣领部分的往返编织

= 渡线

编织花样B

2行1个花样

2针1个花样

（6针、2行）
重复

线条a

线条b

线条c

（9针）

缝纽扣的位置

线条c'

（8针）

扣眼

线条d

20

....
p.22

材料▶和麻纳卡 MOHAIR 胭脂红色（24）235g/10 团，直径 18mm 的纽扣 2 颗

工具▶钩针 4/0 号

成品尺寸▶下摆周长 271.5cm，衣长 44.5cm

编织密度▶编织花样：1 个花样

18cm（最后一行）×10cm 内 9 行

编织要点▶**主体** 锁针起针开始编织，做编织花样、边缘编织 A。**组合** 从边缘编织 A 继续做边缘编织 B，编织前门襟、领窝。在左前门襟上缝上纽扣。

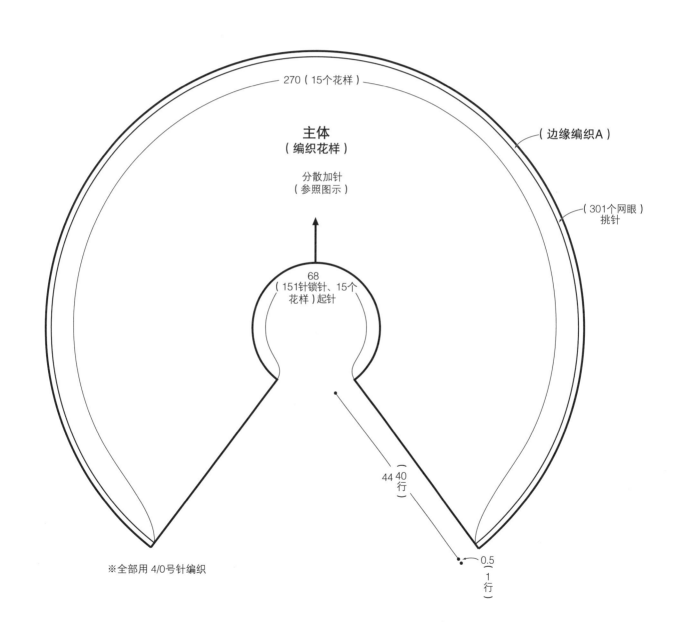

270（15个花样）

主体
（编织花样）

分散加针
（参照图示）

（边缘编织A）

（301个网眼）
挑针

68
（151针锁针、15个
花样）起针

44 40
（行）

0.5
（1
行）

※全部用 4/0 号针编织

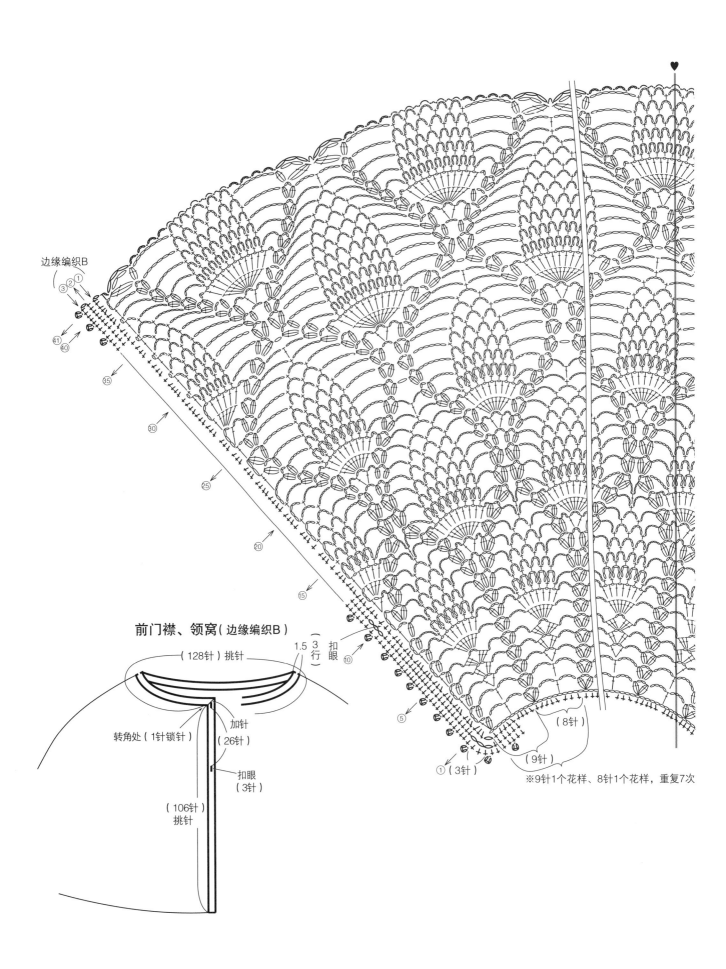

边缘编织B

前门襟、领窝（边缘编织B）

（128针）挑针

1.5（3行）

扣眼

转角处（1针锁针）

加针
（26针）

扣眼
（3针）

（106针）挑针

（8针）

（9针）

①（3针）

※9针1个花样、8针1个花样，重复7次

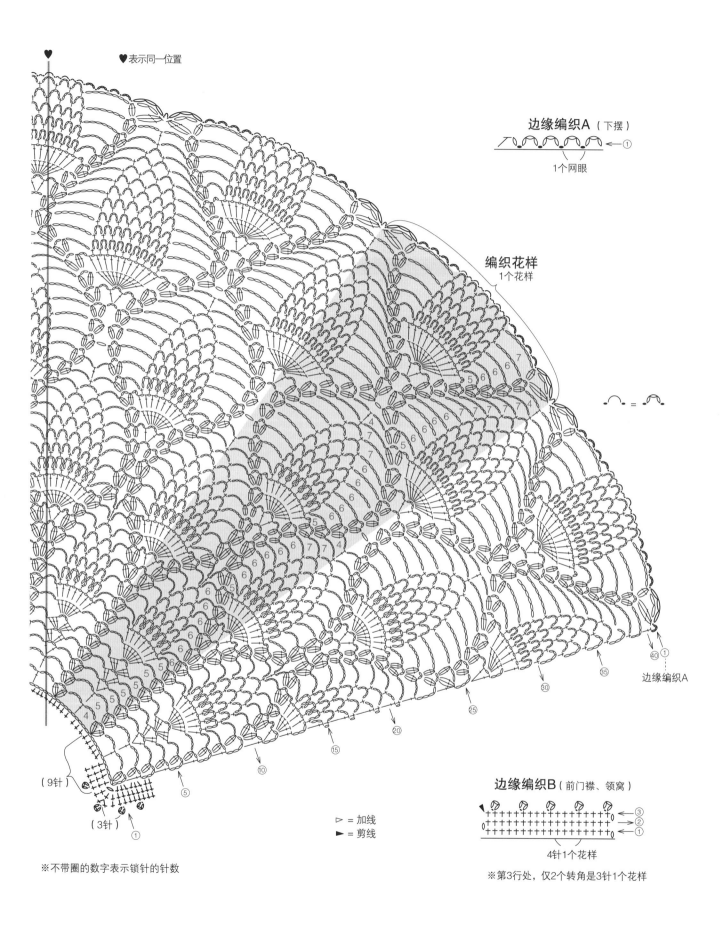

♥表示同一位置

边缘编织A（下摆）
←①
1个网眼

编织花样
1个花样

◠.◠ = ◠◠

边缘编织A

◁ = 加线
► = 剪线

（9针）

（3针）

※不带圈的数字表示锁针的针数

边缘编织B（前门襟、领窝）
←③
←②
←①
4针1个花样

※第3行处，仅2个转角是3针1个花样

21

p.23

材料▶和麻纳卡 MOHAIR　浅驼色
（90）140g/6 团

工具▶钩针 4/0 号

成品尺寸▶衣长 52cm

编织密度▶编织花样 A、B：10cm 内
9.5 行

编织要点▶主体　毛线一端环形起针开
始编织，做编织花样 A、B。参照图示
加针。**组合**　从主体上挑针，下摆钩织
边缘编织 A、B。

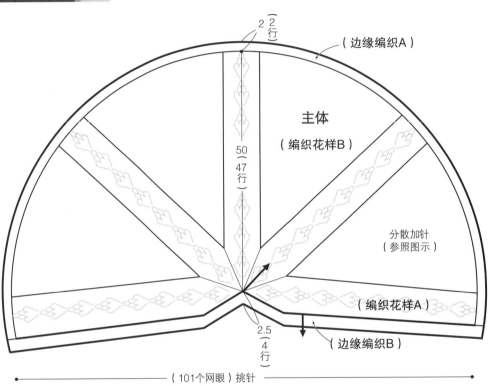

2（2行）

（边缘编织A）

主体

（编织花样B）

50（47行）

分散加针
（参照图示）

（编织花样A）

2.5（4行）

（边缘编织B）

（101个网眼）挑针

全部用4/0号针编织

边缘编织B

④
③
②
①

2个网眼1个花样

变化的3针中
长针的枣形针

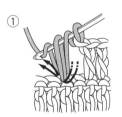

① 钩针挂线，在同一个
针目中编织3针未完
成的中长针。

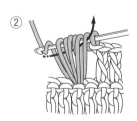

② 钩针再次挂线，从
钩针上的6个线圈中
一次引拔出。

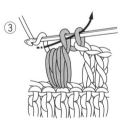

③ 钩针再次挂线，从剩
余的线圈中引拔出。

④ 收紧并调整针目头
部，即可完成。

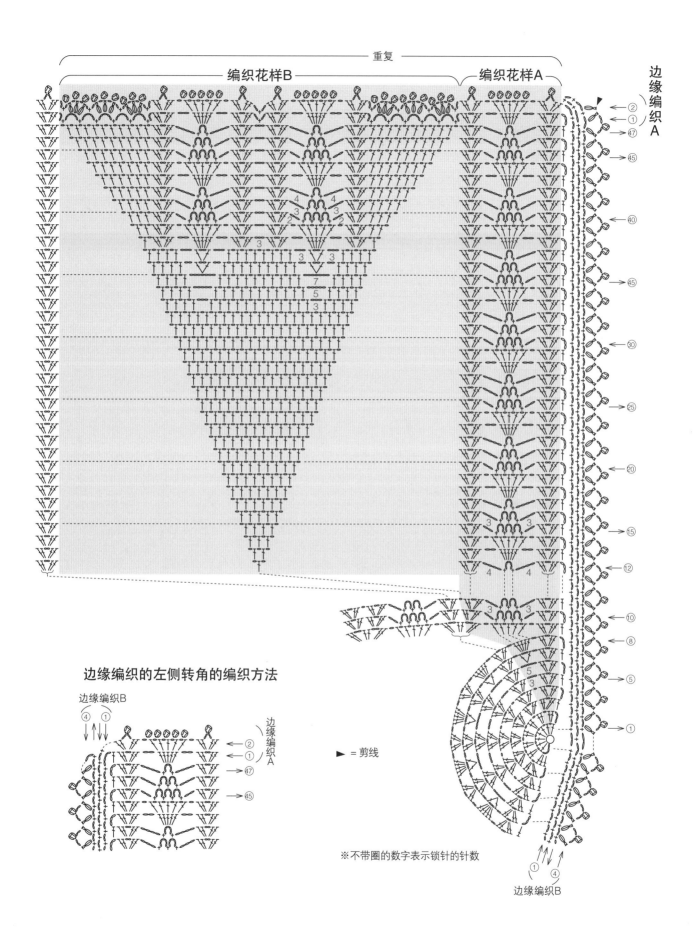

重复

编织花样B

编织花样A

边缘编织A

边缘编织的左侧转角的编织方法

边缘编织B

边缘编织A

▶ = 剪线

※不带圈的数字表示锁针的针数

边缘编织B

22

p.24

材料▶和麻纳卡 AMERRY　暗红色（6）
305g/8 团，直径 15mm 的纽扣 2 颗

工具▶钩针 6/0 号

成品尺寸▶胸围 98cm，衣长 53cm，
连肩袖长 47cm

编织密度▶ 10cm×10cm 面积内：编
织花样 A 24 针，9.5 行；编织花样 B
20.5 针，8.5 行

编织要点▶身片 锁针起针开始编织，
做编织花样 A、B。通过边缘编织 A 从
肩部朝向下摆编织。**组合** 肩部做卷针
缝缝合。衣袖从身片挑针，按照和身片
相同的方法编织。胁部、袖下做卷针缝
缝合。前门襟、衣领钩织边缘编织 B。
在左前门襟上缝上纽扣。

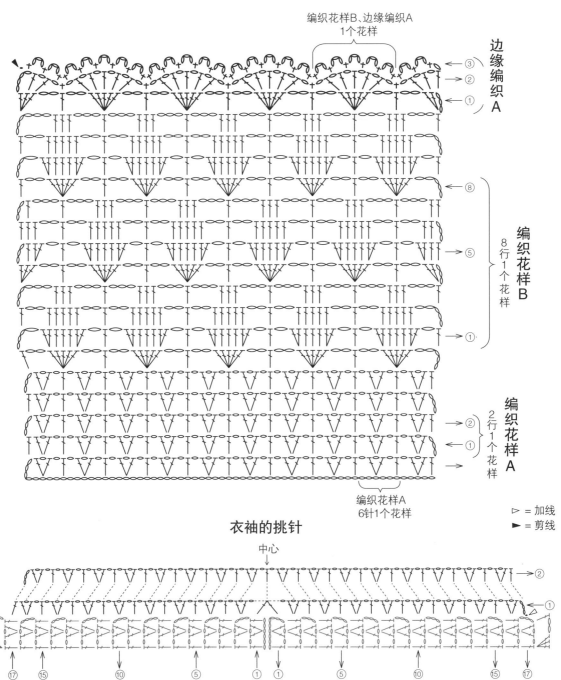

编织花样B、边缘编织A
1个花样

边缘编织A

编织花样B
8行1个花样

编织花样A
2行1个花样

编织花样A
6针1个花样

▷ = 加线
► = 剪线

衣袖的挑针

中心

86

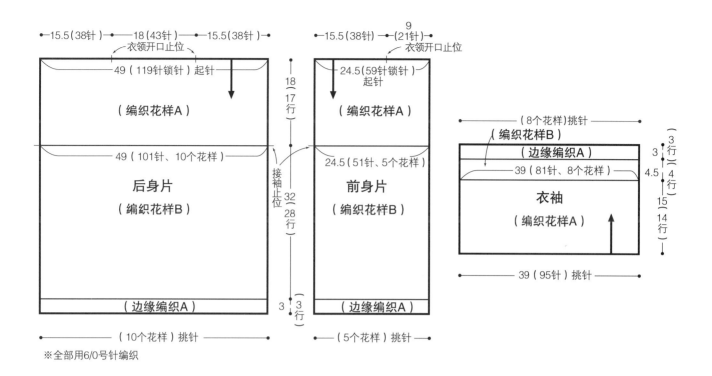

※全部用6/0号针编织

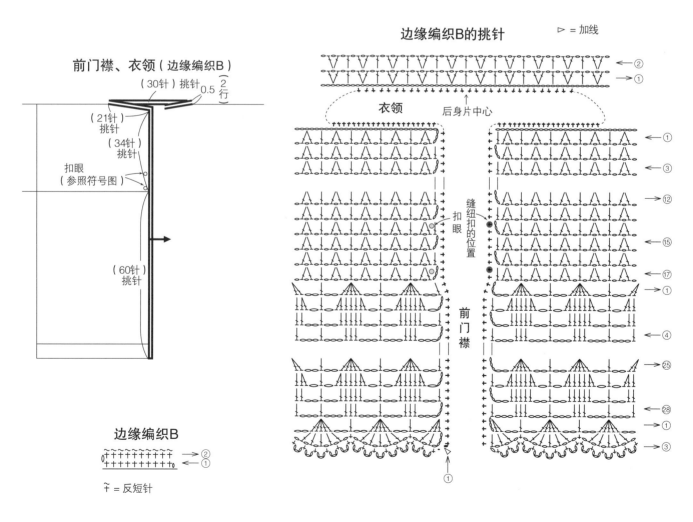

前门襟、衣领（边缘编织B）

边缘编织B

$\tilde{+}$ = 反短针

边缘编织B的挑针　　　▷ = 加线

24

p.26

材料▶ 和麻纳卡 ARCOBA LENO 藏蓝色系（107）325g/13 团，直径 18mm 的纽扣 5 颗

工具▶ 钩针 4/0 号

成品尺寸▶ 胸围 102.5cm，肩宽 37cm，衣长 52.5cm，袖长 53cm

编织密度▶ 编织花样：1 个花样：12.5cm×10cm 13 行

编织要点▶身片、衣袖 锁针起针开始编织，做编织花样。参照图示加减针。
组合 肩部做卷针缝缝合。胁部、袖下做挑针缝合。下摆钩织边缘编织 A，袖口钩织边缘编织 B，前门襟、衣领钩织边缘编织 C。衣袖做卷针缝缝合与身片接合。在左前门襟上缝上纽扣。

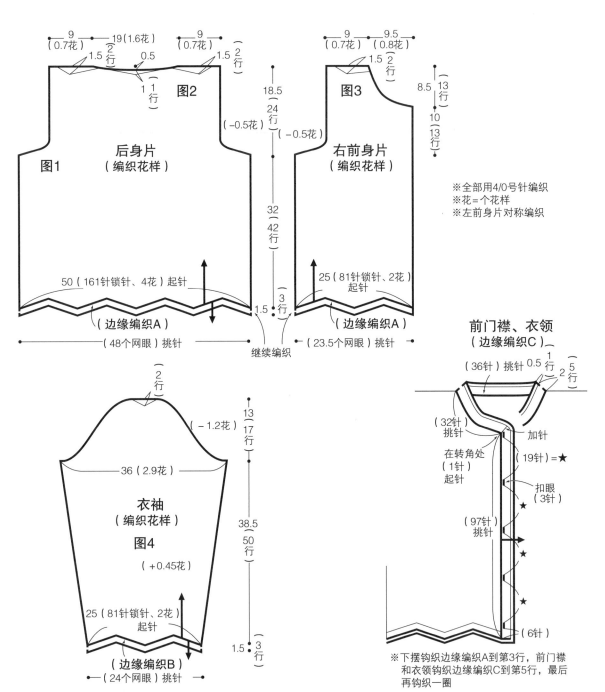

9（0.7花） 19（1.6花） 9（0.7花） （2行）

图2 0.5 1.5 1（1行） 1.5

18.5（24行） （−0.5花）

32（42行）

后身片（编织花样）

图1

50（161针锁针、4花）起针

（边缘编织A）

（48个网眼）挑针

继续编织

9（0.7花） 9.5（0.8花）

图3 1.5（2行）

8.5（13行） 10（13行）

（−0.5花）

右前身片（编织花样）

25（81针锁针、2花）起针

（边缘编织A）

（23.5个网眼）挑针

※全部用4/0号针编织
※花＝个花样
※左前身片对称编织

13（17行） （−1.2花）

2行

36（2.9花）

衣袖（编织花样）

图4

（+0.45花）

38.5（50行）

25（81针锁针、2花）起针

（边缘编织B）

（24个网眼）挑针

1.5（3行）

前门襟、衣领（边缘编织C）

（36针）挑针 0.5（1行） （5行）

（32针）挑针

在转角处（1针）起针

加针

（19针）＝★

扣眼（3针）

（97针）挑针

（6针）

※下摆钩织边缘编织A到第3行，前门襟和衣领钩织边缘编织C到第5行，最后再钩织一圈

88

编织花样

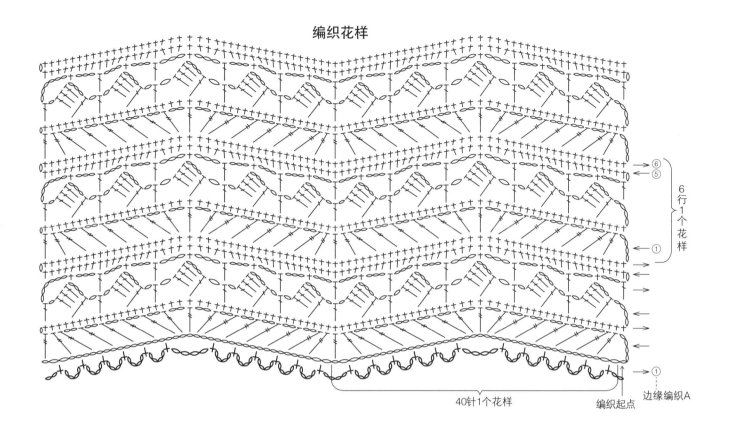

6行1个花样

40针1个花样

编织起点

边缘编织A

图2

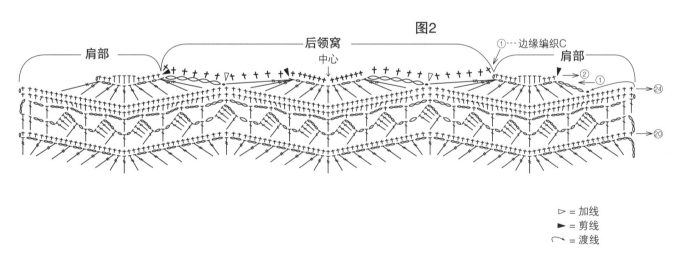

肩部　　　　　后领窝　　　　　①┄边缘编织C　　　肩部

中心

②
①
24

20

▷ = 加线
► = 剪线
⌒ = 渡线

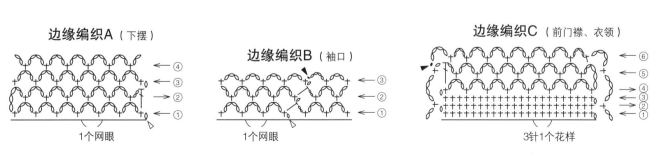

边缘编织A（下摆）

④
③
②
①

1个网眼

边缘编织B（袖口）

③
②
①

1个网眼

边缘编织C（前门襟、衣领）

⑥
⑤
④
③
②
①

3针1个花样

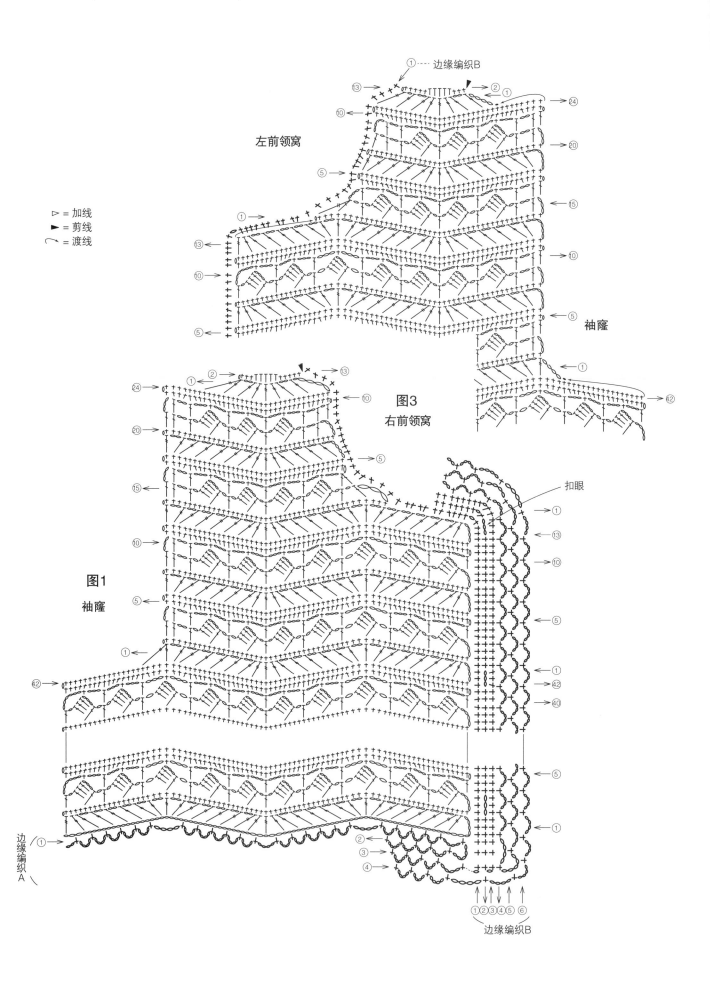

① ‥‥边缘编织B

左前领窝

▷ = 加线
► = 剪线
⌒ = 渡线

图3
右前领窝

扣眼

图1
袖窿

袖窿

边缘编织A

① ② ③ ④ ⑤ ⑥
边缘编织B

90

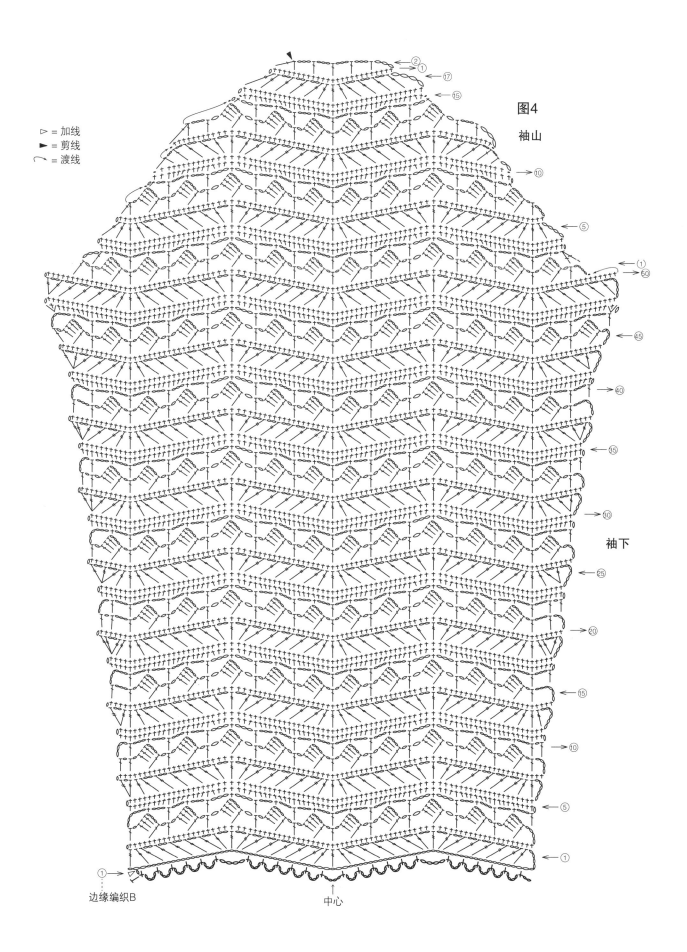

图4

袖山

▷ = 加线
► = 剪线
⌒ = 渡线

袖下

边缘编织B

中心

25

p.27

材料▶和麻纳卡 MOHAIR COLORFUL 黄绿色系（221）190g/8 团，直径20mm 的纽扣1颗

工具▶钩针4/0 号

成品尺寸▶胸围 96cm，衣长 40cm，连肩袖长 64cm

编织密度▶花片：直径 8cm

编织要点 ▶身片 通过连接花片进行编织。1 片花片编织完成后，第 2 片花片引拔连接到最初的花片上之后进行编织。然后按照以上方法编织连接 102 片花片。**组合** 衣领通过 4 片花片编织连接而成，在左前门襟上缝上纽扣。

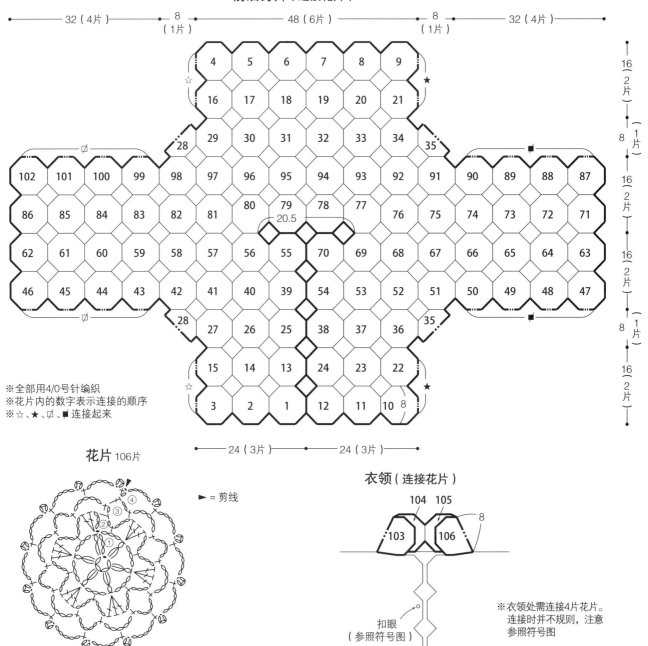

前后身片（连接花片）

※全部用4/0号针编织
※花片内的数字表示连接的顺序
※☆、★、☑、◾ 连接起来

花片 106片

► = 剪线

衣领（连接花片）

扣眼
（参照符号图）

※衣领处需连接4片花片。
连接时并不规则，注意参照符号图

连接花片的方法

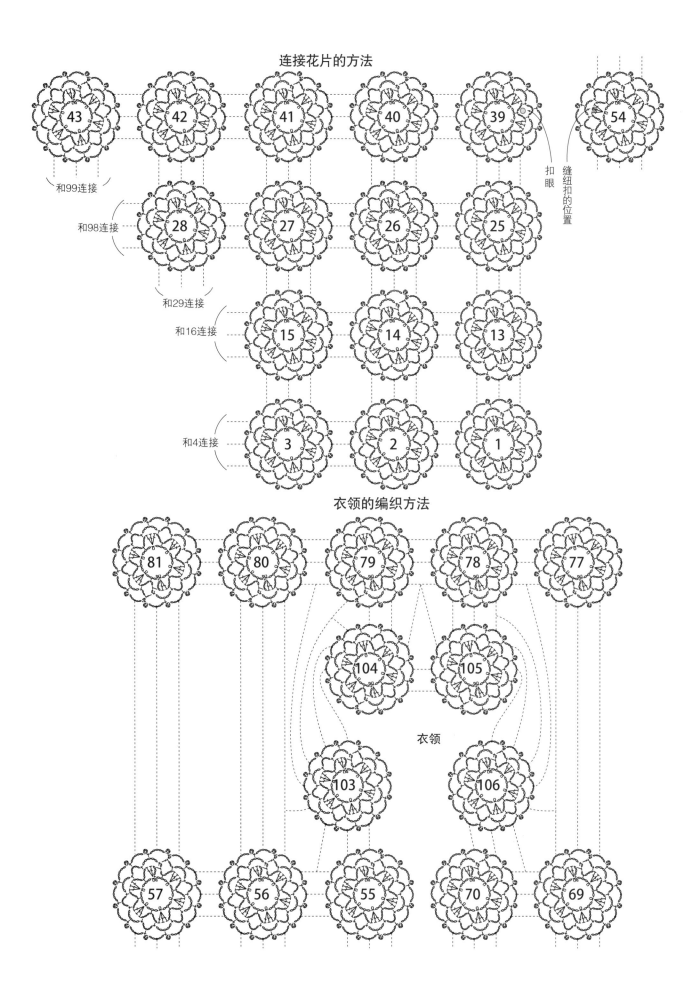

和99连接

和98连接

和29连接

和16连接

和4连接

扣眼

缝纽扣的位置

衣领的编织方法

衣领

29 p.31　　**30** p.31

材料▶和麻纳卡 DEENA　**29**：彩色系（1）65g/2 团，**30**：蓝色＋绿色＋粉色系（2）65g/2 团

工具▶钩针 10/0 号

成品尺寸▶头围 48cm，帽深 22.5cm

编织密度▶编织花样：10cm 8.5 行

编织要点▶从毛线一端环形起针开始编织，做编织花样、编织短针。参照图示加减针。

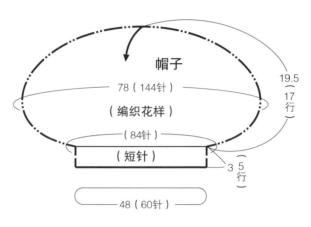

帽子

78（144针）

（编织花样）

19.5（17行）

（84针）

（短针）

3　5行

48（60针）

※全部用10/0号针编织

长针的正拉针

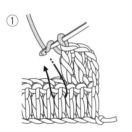

① 钩针上挂线，从前一行长针根部的前面如箭头所示入针，在钩针上挂线，拉出。

② 钩针上挂线后，从钩针上的2个线圈中一次性引拔出。

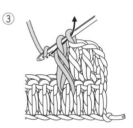

③ 再次钩针上挂线后，从钩针上的2个线圈中一次性引拔出。

④ 1针长针的正拉针编织完成。

长针的反拉针

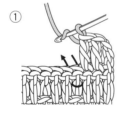

① 钩针上挂线，从前一行长针根部的后面如箭头所示入针，在钩针上挂线，拉出。

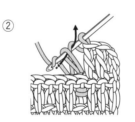

② 钩针上挂线后，从钩针上的2个线圈中一次性引拔出。

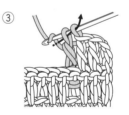

③ 再次钩针上挂线后，从钩针上的2个线圈中一次性引拔出。

④ 1针长针的反拉针编织完成。

2针短针并1针

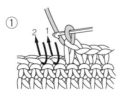

① 如箭头所示，按顺序把钩针穿入锁针针目里，挂线后拉出。

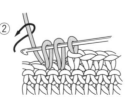

② 如图所示，钩针上挂线。

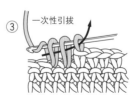

③ 一次性引拔　从钩针上的3个线圈中一次性引拔出。

④ 2针短针并1针编织完成。

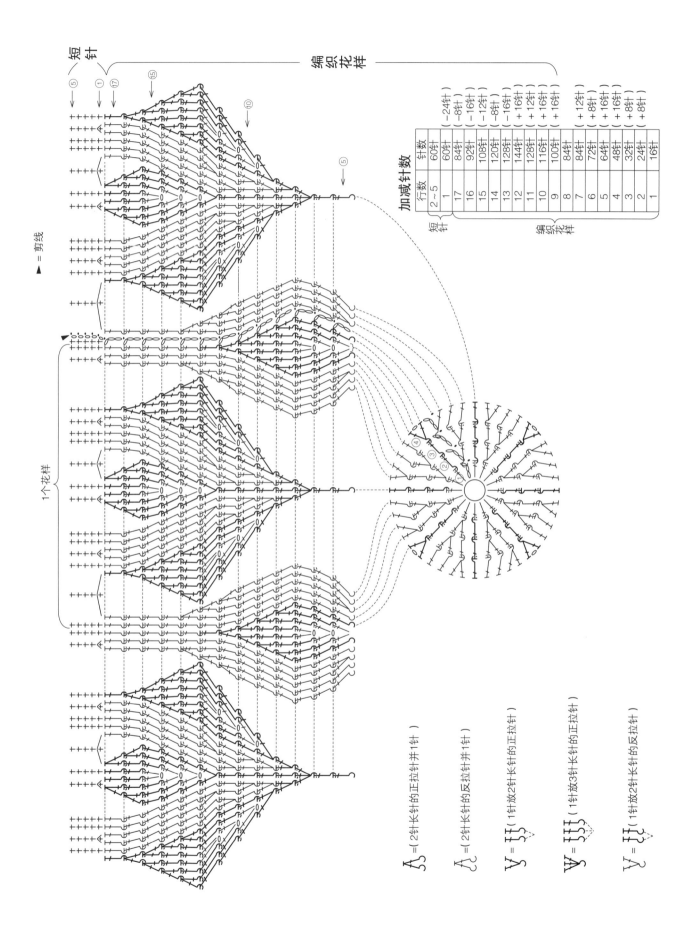

短针

编织花样

1个花样

►= 剪线

加减针数

	行数	针数	加减针数
短针	2~5	60针	(-24针)
	1	60针	(-8针)
	17	84针	(-16针)
	16	92针	(-12针)
	15	108针	(-8针)
	14	120针	(-16针)
	13	128针	(+16针)
	12	144针	(+12针)
	11	128针	(+16针)
	10	116针	(+16针)
编织花样	9	100针	(+12针)
	8	84针	(+8针)
	7	84针	(+16针)
	6	72针	(+16针)
	5	64针	(+8针)
	4	48针	(+8针)
	3	32针	(+8针)
	2	24针	(+8针)
	1	16针	

= (2针长针的正拉针并1针)

= (2针长针的反拉针并1针)

= (1针放2针长针的正拉针)

= (1针放3针长针的正拉针)

= (1针放2针长针的反拉针)

图书在版编目（CIP）数据

美丽的秋冬手编. 6, 30款个性毛衫钩织 / 日本宝库社编著；陈亚敏译. —郑州：河南科学技术
出版社，2023.5

ISBN 978-7-5725-1162-2

Ⅰ. ①美… Ⅱ. ①日… ②陈… Ⅲ. ①绒线—编织—图解 Ⅳ. ①TS935.5-64

中国国家版本馆CIP数据核字（2023）第056108号

出版发行：河南科学技术出版社
　　　　　地址：郑州市郑东新区祥盛街27号　　邮编：450016
　　　　　电话：（0371）65737028　　65788613
　　　　　网址：www.hnstp.cn
责任编辑：刘　欣　刘　瑞
责任校对：马晓灿
封面设计：张　伟
责任印制：张艳芳
印　　刷：北京盛通印刷股份有限公司
经　　销：全国新华书店
开　　本：889 mm×1 194 mm　1/16　印张：6　字数：170千字
版　　次：2023年5月第1版　　2023年5月第1次印刷
定　　价：49.00元

如发现印、装质量问题，影响阅读，请与出版社联系并调换。